SANXIAKUQU HUANGTUPO
HUAPOHUADAI LIUBIANSHIYANYANJIU

三峡库区黄土坡
滑坡滑带流变试验研究

陈琼 崔德山 著

长江出版社
CHANGJIANG PRESS

图书在版编目（CIP）数据

三峡库区黄土坡滑坡滑带流变试验研究 / 陈琼，崔德山著 .
—武汉：长江出版社，2022.10
ISBN 978-7-5492-8647-8

Ⅰ．①三… Ⅱ．①陈… ②崔… Ⅲ．①三峡水利工程 –
黄土区 – 滑坡 – 流变试验 – 研究 Ⅳ．① P642.22

中国版本图书馆 CIP 数据核字 (2022) 第 251299 号

三峡库区黄土坡滑坡滑带流变试验研究

SANXIAKUQUHUANGTUPOHUAPOHUADAILIUBIANSHIYANYANJIU

陈琼 崔德山　著

责任编辑：　张蔓
装帧设计：　蔡丹
出版发行：　长江出版社
地　　址：　武汉市江岸区解放大道 1863 号
邮　　编：　430010
网　　址：　http://www.cjpress.com.cn
电　　话：　027-82926557（总编室）
　　　　　　027-82926806（市场营销部）
经　　销：　各地新华书店
印　　刷：　武汉科源印刷设计有限公司
规　　格：　787mm×1092mm
开　　本：　16
印　　张：　16.5
字　　数：　323 千字
版　　次：　2022 年 10 月第 1 版
印　　次：　2022 年 12 月第 1 次
书　　号：　ISBN 978-7-5492-8647-8
定　　价：　108.00 元

　　三峡库区地形地貌、地层岩性、地质构造等工程地质条件复杂，受内外地质营力和正常蓄水作用，库区涉水滑坡产生明显的流变现象，给库区沿岸居民正常生产生活和长江航运带来一定的影响。三峡库区黄土坡滑坡因其规模巨大、前缘涉水、演化机理复杂及危害严重等特点在全国水库滑坡中都具有典型性和代表性。

　　在库水位周期性涨落条件下，库区涉水滑坡产生了明显的流变现象。如何针对滑带在不同的有效应力、变形速率、动孔隙水压力下开展符合实际工况的流变试验，是揭示滑坡演化规律和保证滑坡防治工程有效的重要前提。因此，研究不同碎石性状和水库运行条件下滑带力学参数、流变试验和流变机理，并建立相应的滑带本构模型，对滑坡变形预测和防治具有重要的理论和应用意义。

　　本书系统研究了滑带的流变试验和主要控制因素，开展了不同条件下滑带的蠕变、应力松弛、流动和长期强度试验；研究了碎石性状对滑带强度和模量的影响机理；系统研究了滑带的固结蠕变、剪切蠕变、直剪应力松弛、三轴压缩应力松弛、长期强度、疲劳蠕变和循环孔压对蠕变的影响，提出了库水位变化条件下滑带流变试验方法，揭示了库区涉水滑坡在库水位周期变化下滑带的疲劳蠕变规律和机理。

　　本书由国家自然科学基金青年基金（41602313）和面上基金（41772304、42277171）资助，依托湖北巴东地质灾害国家野外科学观测研究站和三峡库区地质灾害大型野外试验场，立足事实，强调试验，重视创新，集中体现现代岩土测试技术、土力学和信息科学有机融合，具有新理论、新技术和新方法集于一体的重要特色。

　　本书共分 11 章,第 1～5 章由陈琼执笔;第 6～11 章由崔德山执笔;最后由陈琼校核统稿。本书在编写过程中得到了项伟、王菁莪、刘清秉、王顺等老师,侯威、王璐、张广厦、杨林筱、陶现雨、乔卓、魏亚军、夏灵良、廖明可、鲍洵等研究生提供的资料,谨此表示诚挚感谢。感谢长江出版社的关注,感谢本书责任编辑的辛勤劳动,使本书得以顺利出版。

　　本书引用了国内外同仁部分研究成果,著者表示衷心感谢。著者希望本书能对我国水库滑坡滑带流变试验、水库滑坡防治工程勘察设计、施工技术人员和教学科研人员有所帮助。鉴于水平和经验有限,书中难免有疏漏之处,敬请专家和读者批评指正。

著　者
2022 年 9 月

CONTENTS

目 录

第1章 绪 论

1.1 水库滑坡特点与滑带的流变性质

水力资源是我国常规能源的重要组成部分,根据国家发改委发布的数据,目前我国水力资源的理论蕴藏量和已建的开发量均居世界之首。我国河流众多,水力资源的分布以西南高山峡谷地区为主,四川、西藏和云南是全国水力资源可开发量最大的三个省份或自治区。水力资源最为丰富的是长江流域,随着三峡水利枢纽等众多大型水电项目的建成,我国整体用电量紧张的局面可以得到有效的缓解。除发电以外,大型的水利工程还可以有效地发挥防洪抗旱作用,改善河道的航运条件,对国民经济的发展和社会的进步具有显著的作用。然而,大型水库的建设和运营会影响自然环境和社会环境。在气候方面,大型水库的建设可能改变库区的小气候环境,使库区的降雨、湿度和气温规律发生变化。在生态环境方面,水位的上升会淹没库区大片土地,破坏了原有的动植物和微生物生存环境,导致泥沙淤积和水质污染等。除此之外,水库水位的上升以及周期性的水位变化会改变库区原有的工程地质环境,带来各种地质灾害。滑坡灾害便是库区易发的典型地质灾害之一。滑坡是自然界分布十分广泛的一种地质灾害,其危害之大仅次于地震。大型水库的建设和水位波动常常会诱发库区古滑坡的复活,甚至引起新滑坡,对人民的生命和财产安全造成严重的威胁。水库建设和运行所造成的滑坡灾害在国内外并不鲜见,1963 年 10 月发生在意大利瓦依昂水库的大型滑坡灾害即是一个典型的实例,该滑坡体积约 $2.7 \times 10^8 \, \text{m}^3$,造成 2000 余人死亡的惨剧。1961 年 3 月发生在中国柘溪水库的塘岩光滑坡体积约 $1.7 \times 10^6 \, \text{m}^3$,该滑坡激起的巨大涌浪造成 40 余人死亡,并冲毁了下游正在施工的基坑和已经建成的构筑物。鉴于水库型滑坡对工程安全、环境保护、人民生命和财产安全的重大影响,开展滑坡形成演化机制与变形特性的研究具有重要的理论和实际意义。

长江三峡水利枢纽工程(简称"三峡工程")位于湖北省宜昌市三斗坪、长江干流西陵峡中,距三峡出口南津关 38km,下游 40km 处为葛洲坝水利枢纽。三峡工程具有防洪、发电、航运等综合效益,是当今世界上最大的水利工程,也是中国有史以来建设的最大型的工程项目。三峡大坝为混凝土重力坝,坝顶高程 185m,坝轴线全长 2309.5m,设计最高蓄水位 175m。三峡水库范围东经 105°44″～111°39″,北纬28°32″～31°44″,全长 600 余千米,是一个狭长的河道型水库。移民工程涉及湖北省、重庆市 19 区县和重庆主城区,共搬迁安置城乡移民 131.03 万人(库区移民 129.64 万人,坝区 1.39 万人)。三峡库区地处长江中上游的高山峡谷地带,山高水长,峰高谷深,复杂的地质环境加上频发的暴雨和洪水灾害使该地区成为我国地质灾害易发区。三峡水库水位的提高在一定程度上改变了原有的河岸地质体的应力平衡和稳定状态,加剧了库区地质灾害的发生。自 20 世纪 80 年代起,国家相关部委就开始对三峡库区的地质灾害进行了调查和评估工作。1990 年,地矿部完成的"长江三峡工程库岸稳定性研究"项目查明三峡库区体积大于 10 万 m³ 的崩塌和滑坡有 404 处,总体积 29.36 亿 m³;1999 年,经过调查和核查,水利部长江水利委员会编写了《长江三峡工程库区淹没处理及移民安置滑坡体处理总体规划报告》,指出三峡水库 175m 水位以下的滑坡体有 1302 处,总体积约 33.34 亿 m³。截至 2010 年,中国政府先后投资约 120 亿元,开展了三期三峡库区地质灾害防治工程,其中,实施工程治理的灾害点占 12%,搬迁避让灾害点占 13%。除三峡库区长江干流外,还有大量支流的库岸地质灾害需要防护。因此,三峡工程正常运行后,库区地质灾害防治的任务依然严峻,对潜在地质灾害进行勘察、研究、监测、防治和对已治理工程的维护是三峡库区地质灾害后续防治工作的长期重要任务。针对三峡库区重大滑坡地质灾害长期稳定性与滑坡演化等相关科学问题,依托中国地质大学(武汉)地质资源与地质工程学科优势,2008 年经教育部批准成立了教育部长江三峡库区地质灾害研究中心(简称"三峡中心")。三峡中心是教育部直接领导下的以地质灾害为主要研究内容的综合性开放平台,由中国地质大学(武汉)作为建设单位。三峡库区巴东县的大型野外综合试验场是三峡中心建设的重要组成部分。巴东野外综合试验场位于湖北省巴东县黄土坡滑坡区域,于 2012 年 12 月 30 日竣工,是教育部"长江三峡库区地质灾害研究 985 优势学科创新平台"建设的关键工程,是中国地质大学集滑坡灾害教学、科研、科普、生产于一体的综合性野外教学研究基地。通过试验场隧洞群,专家学者能直接进入黄土坡滑坡临江 1 号滑坡体近距离观测滑床、滑带和滑体,并开展相关试验研究与深部监测工作,如滑带的大型剪切试验、流变试验、滑带的改良试验、滑体水文地质试验以及滑坡深部位移监测等。巴东野外大型综合试验场由黄土坡试验隧洞群与一系列监测系统组成,其中主洞全长 908m,内设 5 处支洞与若干观测窗口。3 号支洞长 145m,5 号支洞长 40m,2 号支洞长 10m,1 号和 4 号支洞各长 5m。沿 3 号和 5 号支洞所揭露的滑带开挖试验平硐开展原位试验和相关位移、水文地质监测工作;在 2 号支洞开展地球物理监测工作;1 号和 4 号支洞为预留支洞,将来根据需要可继续开挖。试验场内建立了完整的实时监测系统,包括大气降雨监测系统、地下水和库水位观测系统、北斗/GPS 地表位移监测系统、地面合成孔径雷达微变形监测系统、钻孔倾斜监测系统、分布式光纤监测系统、隧洞裂缝监测系统、沉降监测系统、地下水监测系统以及滑带含水率与基质吸力监测系统等,为水库滑坡的科学研究提供了前所未有的有利条件。根据已有的勘察资料,黄土坡滑坡主要由临江 1 号滑坡、临江 2 号滑坡、变电站滑坡和园艺场滑坡四部分组成,总面积约 $135 \times 10^4 \mathrm{m}^2$,总体积约 $6934 \times 10^4 \mathrm{m}^3$。勘察资料显示黄土坡滑坡体内存在多层有滑动迹象的蠕滑带,其主要物质组成为含碎石的黏性土,厚度 0.1~2m,土石比为 9:1~6:4,结构稍密或密实,局部可见擦痕及挤压光滑面,部分块石上见光面和擦痕。黄土坡滑坡下伏基岩为巴东组第三段(T_2b^3)地层,以泥灰岩、泥质灰岩夹钙质泥岩和泥质粉砂岩为主。由于该段地层软硬相间,其内部普遍发育泥质软弱带是造成滑坡滑动的主要原因之一。通过钻探可知,黄土坡滑坡附近出露巴东组第三段地层厚度在 270m 左右,其中钻孔揭露软弱夹层有 13 层,除最下夹层为巴东组第二段和第三段界面的 1.2m 厚的蓝绿色钙质泥岩外,其余夹层分布在巴东组第三段岩体内,岩体上部夹层分布较中下部密集,主要成分为泥质灰岩或钙质泥岩夹碎石土,大部分夹层厚度在 1~3m。

　　三峡库区黄土坡滑坡属于库岸涉水滑坡,前缘位于水库最高水位 175m 以下。三峡水库正常运行后,坝前水位在 145~175m 波动,变化幅度为 30m,周期为一年。库水位涨落是引起库区涉水滑坡失稳的主要因素之一。随着三峡水库水位周期性波动,黄土坡滑坡滑带受到循环荷载作用。由于滑带是滑坡体最薄弱的部位,滑带的物理力学特性不仅关系到滑坡的整体稳定性,而且在滑坡演化过程中起着重要的控制作用。对黄土坡滑坡滑带的物理力学性质和流变的研究可为滑坡在三峡水库正常运行期间的长期稳定性分析和长期演化机理研究提供基础资料与理论支撑,为三峡库区类似涉水滑坡的研究与综合治理提供参考。

1.2 滑带流变性质研究

1.2.1 滑带蠕变性质研究

　　对于以一定速率滑动的黄土坡滑坡而言[1-3],滑带的蠕变特性是控制滑坡滑动机制的关键因素之一。在滑带蠕变特性研究方面,国内外学者已经开展了原位蠕变剪切试验[4,5],原状滑带室内大尺寸直剪蠕变[6]、三轴蠕变试验[7,8],得出滑带的蠕变强度参数受地质代表性、试验尺寸、试验数量、含水率及剪切面的形态等影响。常规试验得到滑带的强度是短期强度,为了研究滑坡的发育阶段和长期稳定性,必须研究滑带的长期强度随着时间的变化规律[9]，且滑带的长期强度比常规慢剪峰值强度低。滑带蠕变特性与其所处的应力大小密切相关，以最小程度地产生蠕变时效的应力下限值称作"蠕变下限"[10]。而滑带进入加速蠕变的临界剪应力和剪切速率均与正应力线性相关，通过对滑坡所处的应力状态进行分析，可以判断滑坡是否进入加速蠕变状态[11]。

大量研究结果表明，多数滑坡的滑动受降雨、库水位波动的影响[12—15]，使滑带由非饱和状态向饱和状态转化，增加了水与滑带的力学作用、物理作用和化学作用。滑带在不同围压、不同偏差应力、不同基质吸力条件下的蠕变变形及变形速率均随着偏差应力的增大而增大。

滑带蠕变阶段的划分因其受到的应力状态和加载时间而不同。受力较小时，土体蠕变过程中的位移—时间关系曲线划分为衰减蠕变和非衰减蠕变两个阶段[16]。受力较大时，可将蠕变变形划分为等速蠕变、加速蠕变和蠕变破坏三个阶段[17]。也可以根据滑坡变形曲线划分为初始变形阶段、等速变形阶段和加速变形阶段，其中加速变形阶段曲线细分为加速变形初始阶段、加速变形中期阶段和加速变形骤增阶段。

在蠕变模型方面，根据应力—应变—时间关系，学者们分别采用 Burger 模型[18,19]、Mesri 模型[20,21]、Singh-Mitchell 模型[21,22]、经验模型[23,24]等来模拟蠕变过程，并讨论了模型参数与固结应力、剪切应力和含水率的关系。朱峰[25]开展滑带土直剪蠕变试验，提出流变模型中两个流变参数：蠕变变形速率和剪切模量。Desai 等[26]在研究滑带土本构模型时，采用塑性和黏塑性模型，考虑了滑带土的弹性、塑性、蠕变、正应力、应力路径等。Ham 等[27]采用黏—亚塑性模型对滑坡的蠕变进行了数值模拟，重点考虑了二维边界条件和滑带土的重度对滑坡稳定性的影响。可见，在滑带土的蠕变研究中，基于真实、可靠的试验结果建立反映滑带土的蠕变特性的本构模型及模型参数至关重要。

1.2.2　滑带松弛性质研究

应力松弛是当材料在荷载作用下，变形到某一形状后维持其形状尺寸不变条件下，荷载施加方向应力随着时间而减小的现象[28]。应力松弛试验一般分为现场原位测试和室内试验，室内试验包括单轴应力松弛和三轴应力松弛试验[29,30]。

原位试验无须采样，减少了甚至避免了对试样的扰动（应力解除、样品运输、制样等）。此外，更能反映宏观结构（如裂隙、夹层等）对岩土体性质的影响。比如在专门开挖的隧洞内，通过千斤顶在洞的侧壁分级加载，使其变形到指定值，通过测力环监测应力变化。也可通过现场钻孔应力松弛试验，确定滑带的蠕变和强度特性。

室内试验一般分为单轴应力松弛试验和三轴应力松弛试验。压缩试验结果表明，含水率对初始松弛速率的影响不大，初始松弛速率与压应力呈衰减性递增关系，而初始松弛速率随着试样塑性指数的增大线性递减。根据松弛试验结果可以划分应力松

弛属完全型松弛还是非完全型松弛。不同土层的试样松弛曲线随着初始应变水平的
增大,松弛稳定的时间会增加。也有试验结果表明,应力衰减似乎与应变级别和初始
应力相关,而衰减速率与所施加的应变级别关系不大。在单轴应力松弛试验中,随着
预蠕变值的增加,应力松弛减小。泥岩的松弛曲线是连续和比较光滑的,与一般的连
续介质形态较为接近,而红砂岩的应力出现不连续和间断性突变的状况,呈现应力松
弛非连续性变化的特点。在恒载侧限压缩条件下,土体的侧应力松弛曲线与竖向蠕变
曲线同步出现不稳定、稳定、急剧变化三个阶段[31],这是由于土体结构连接的压密恢
复与剪切破坏相互作用所致。

　　岩土工程施工过程中大多会出现应力松弛现象,并且一般处于三向应力状态,故
有很多研究人员开展了岩土材料在三维应力状态下的松弛特性研究。当荷载达到峰
值时,保持试样的变形不变,此后试样进入松弛阶段。试样应力松弛曲线均呈阶梯式
下降,即表现间断和阵发式的松弛特性。在较小的应变水平下,可以用线性黏弹性模
型来描述应力松弛特性,分级加载情形下前一级应变水平下的应力松弛对后续松弛有
较大的影响。从试样的应力历史的角度出发,土的松弛稳定时间随着预应变量和预应
变速率的增大而延长,而且较大的预应变量会导致瞬时松弛量也增大。在相同围压
时,试样所受初始轴向应力越大,其在相同时间内轴向应力衰减更大;在初始轴向应力
相同时,轴向应力松弛量随着围压的增大而减小。

　　为了更准确地描述土体的松弛规律或者流变特性,在试验研究的基础上,常常建
立本构模型来描述其关系[32]。在土的流变本构关系里,就不再仅仅是应力和应变两
者之间的关系,而是成为应力、应变和时间三者之间的关系。研究土的流变就是研究
土中的应力、应变状态的形成及其随时间的变化。主要可分为三个方面:一是从土的
流变特征(从实际工程及室内流变试验中得到)出发,运用现有的黏弹塑性理论来建立
土流变本构模型;二是从土的流变特性出发,直接总结出土的经验流变本构关系;三是
两者结合的半经验理论模型。

　　模型理论是基于三种基本元件:理想弹性模型、理想黏性模型和刚塑性模型,通过
串联及并联等组合方式将三种基本元件进行组合来描述一维状态的流变特性,也有学
者将一维状态推广到了三维状态。通过这种方式,使得到的模型解尽可能地接近试验
结果。经验关系通常是基于某个特定的试验,对某种特定区域土体的特性进行描述,
有较强的局限性,一般只适用于特定的例子[33]。模型理论的参数物理意义明确,可以
从机理上对流变特性进行描述,易于推广,但是往往考虑参数较多,模型较为复杂,有
一定的求解困难。而经验模型是对流变现象的数学描述,缺乏理论为基础的依据,难
以表明实际的物理意义,虽然可以用于特定的工程实际中,但具有较大的局限性,难以
得到推广。

1.2.3 滑带残余强度研究

滑带土的强度通常是指土抵抗剪切破坏的能力,而滑带土的残余强度是指土在一定压应力条件下受剪切位移破坏后仍能保持的抗剪强度[34-36]。土的残余强度宜采用室内或现场的滑面重合剪试验、多次直剪试验、环剪试验、三轴试验和大型直剪试验等来测定[37-40]。Bishop 等[41]是最早设计环剪仪并开展原状土和重塑土的残余强度研究的学者之一,认为环剪试验比往复直剪试验更适合研究土的残余强度。Skempton[42]将超固结黏土峰后强度划分为两个阶段:第一阶段是由于含水量增加或剪胀导致的"完全软化"或"临界状态";第二阶段残余强度是由于片状黏土矿物定向排列造成的,残余强度可减小到峰值强度的 50% 左右。对于黄土层与砾岩层中间的红色黏性滑带土,残余强度黏聚力(c_r)约为峰值强度黏聚力(c_f)的 0.4 倍,残余强度下内摩擦角(φ_r)约为峰值强度下内摩擦角(φ_f)的 0.7 倍[43]。采用环剪仪测量黄土坡滑坡临江 1 号崩滑体原状滑带土残余强度约为峰值强度的 78%~93%[44],重塑滑带土残余强度指标 c_r 约为 c_f 的 0.5 倍,φ_r 几乎等于 φ_f[45]。由此可知,无论是原状还是重塑滑带土的残余强度均低于峰值强度。

土的残余强度与孔隙比、矿物成分、应力历史、结构、剪切速率、黏聚力、内摩擦角、颗粒级配等密切相关。Lupini 等[46]采用环剪仪研究了片状黏土颗粒和圆形颗粒对残余强度类型的影响,并将其分为动荡型、滑动型和过渡型。Stark 和 Eid[47]采用环剪仪研究了黏土的排水残余强度,认为其与黏土矿物类型和黏土含量密切相关,指出残余强度包络线呈非线性。Suzuki 等[48]采用直剪仪研究了天然黏土和人工胶结黏土的残余强度特征,得出残余强度与初始孔隙比无关,残余强度随着剪切速率的增加而增大。刘清秉等[44]采用环剪仪研究了原状滑带土的残余强度,得出固结应力越大,滑带土应变软化现象越明显。王鲁男等[49]开展了滑带土残余强度的速率效应及其对滑坡变形行为的影响研究,得出滑带残余强度受速率效应的影响。对于复活型水库滑坡,滑带土残余强度的动态变化控制着滑坡的灾变演化阶段[50,51]。

对于一些含砾粒的滑带土,其残余强度与细粒的含量、成分[52],粗粒的含量、成分和排列等密切相关[53,54]。黄励[55]开展了滑带土残余强度参数与定向黏土矿物的相关性试验研究,得出当黏粒含量小于 30% 或大于 70% 时,才对残余强度参数呈现出一定的负相关性。Li 等[56]采用大尺寸环剪仪研究了千将坪滑坡、泄滩滑坡和滩坪滑坡滑带土的残余强度,发现曲率系数、粗粒组与细粒组之比等参数影响滑带残余强度。刘动和陈晓平[57]开展了含砂滑带土的室内环剪试验,得出随着粗颗粒含量的增加,等效残余内摩擦角呈非线性增大的趋势。任三绍等[37]得出砾石含量较高时土颗粒之间的咬合力较强,因而其残余强度也相对较大。

滑带土的蠕变试验可以采用三轴仪、直剪仪、单剪仪和环剪仪等来确定,但是受三轴仪剪应变最大值的限制,很难通过三轴试验测到滑带土的残余强度[58],除非采用特殊制样器人工预制剪切面[59]。所以三轴仪通常用来开展滑带土破坏应力之前的蠕变试验[60]。多数学者采用反复直剪仪、单剪仪和环剪仪来研究土的残余强度和残余强度状态下的蠕变试验。Bhat 等[61,62]采用改进的环剪仪开展了典型黏土在残余状态下的蠕变试验,提出了残余状态下黏土蠕变失效的预测曲线。Wen 和 Jiang[63]采用往复直剪仪开展了滑带土在残余状态下的蠕变试验,得出蠕变曲线可以划分为衰减型蠕变和非衰减型蠕变。

滑带土残余强度状态下的蠕变特征还与固结应力、施加的剪应力大小、恢复时间和剪切速率等密切相关。刘清秉等[64]采用改进的环剪仪开展了原状滑带土残余强度状态下的蠕变特性试验研究,得出滑带土的蠕变速率与剪切应力比呈正相关变化。Maio 等[65]采用往复直剪仪研究滑带土在残余状态下的蠕变试验,分别得出峰值强度和残余强度包络线。Wang 等[66]基于现场监测数据开展了滑带土残余状态蠕变试验研究,得出蠕变曲线和垂直应力与残余应力比密切相关。蒋秀姿和文宝萍[67]研究了滑带土蠕变特性与应力状态相关性,得出滑带进入加速蠕变的临界剪应力和剪切速率均与正应力线性正相关。

三峡库区水位周期性变动和动态水位变化,会改变涉水滑坡体基质吸力、孔隙水压力、渗透力和有效应力[68]。研究表明,在周期性荷载作用下,土中的应力不会完全消失,残余应力在土中会产生应力累积[69]。随着下一次周期性荷载的施加,残余应力会逐渐累加[70],从而导致土骨架的永久性变形[71]。在周期性荷载作用下,随着有效应力和孔隙水压力的动态变化,加速了土的蠕变过程[72],使滑坡产生渐近式破坏[73]。牛登峰等[74]开展了上海淤泥质饱和黏土在长期循环荷载作用下的蠕变特性试验,得出当循环轴向应力小于初始固结压力的 50% 时,饱和黏土的循环蠕变可分成三个阶段:非稳定阶段、稳定阶段和衰减阶段。刘添俊和莫海鸿[75]为了探讨珠江三角洲饱和软黏土在交通行车荷载作用下的变形特性,在 K_0 固结状态下进行了一系列不排水的单向循环加载蠕变试验。根据循环荷载的大小,饱和软黏土的累积变形可分为衰减型和破坏型;衰减型循环蠕变的累积应变速率与循环次数的关系可用幂函数来表示。董焱赫[76]以重塑饱和软黏土为试验试样,进行了循环蠕变试验,得到了饱和软黏土的循环蠕变曲线,将循环蠕变曲线分为基值蠕变曲线、峰值蠕变曲线和谷值蠕变曲线。

循环荷载下,土的累积塑性变形还与加载速率、应力条件等密切相关。Hyde 和Brown[77]采用动三轴仪研究了粉质黏土在循环荷载作用下的蠕变,得出粉质黏土的塑性应变速率与时间、偏差应力和应力历史的关系。Tang 等[78]开展了残积土在循环荷载作用下的蠕变试验,得出三种不同类型的蠕变曲线。根据试验结果,建立了相关的蠕变模型,并给出了在循环荷载作用下动应变累积模型。齐佳丽[79]建立了一种适用于工程实际的考虑蠕变特性的累积塑性应变经验模型,通过对有限元软件

ABAQUS进行二次开发,实现了长期循环荷载作用下考虑蠕变特性的软土地基累积变形的数值计算。

长期循环荷载作用下土体累积残余变形发展规律与静荷载作用下土体蠕变变形规律不同,陈成等[80]提出了长期循环荷载作用下土体累积变形简化计算方法。李丹梅[81]通过改进映射法则建立了一个可以考虑循环蠕变效应的弹黏塑性边界面模型,不仅可以单独考虑土体的蠕变性和循环加载特性,还可以考虑软黏土循环—蠕变耦合特性。庄心善等[82]以重塑弱膨胀土为研究对象,利用GDS动静态真三轴仪采用分级、单级加载方式对土体进行循环动荷载试验,研究不同围压、频率、固结应力比下土体滞回曲线演化规律,得出单级循环荷载下膨胀土滞回曲线不闭合程度和相邻滞回曲线中心间距均随着振次的增加呈非线性衰减。

1.2.4　滑带长期强度研究

滑带的非衰减蠕变的发展可引起具有加速特征的流动,并最后导致滑坡灾害[83]。因此,滑带的长期破坏强度可能小于短期荷载作用下的强度值。在实际工程中,特别是切坡、库水位波动形成的滑坡,往往是在很长一段时间内连续变形,最终导致滑坡灾害。

在滑带的长期强度研究中,一般认为其存在三个屈服值,分别是第一屈服值、第二屈服值和第三屈服值。当剪应力小于第一屈服值时,变形可以忽略;当剪应力位于第一屈服值和第二屈服值之间时,变形是弹性的、可恢复的;当剪应力位于第二屈服值和第三屈服值之间时,则滑带产生流动;当剪应力大于第三屈服值时,滑带的结构开始破坏,第三屈服值可作为滑带的长期强度。

滑带的长期强度可通过蠕变试验以及蠕变曲线而获得[84]。滑带的强度随时间而变化,是时间的函数,其破坏准则应考虑到时间因素,考虑时间因素的破坏准则为长期破坏准则[85]。滑带的长期破坏准则主要有:蠕变变形达到某常数,变形速率与到达破坏的时间的乘积达到某常数或变形功达到某常数。

1.3　本书主要内容

滑带的流变性质是滑带的应力—应变关系及这种关系随时间变化的特征,包括滑带的蠕变、滑带的应力松弛、滑带的流动和滑带的长期强度。基于此,本书主要内容如下:

（1）滑带的基本物理力学性质

滑带的基本物理力学指标是开展滑带流变试验的基础,也是分析滑带蠕变机理和滑坡稳定性的必要参数,主要包括滑带的矿物成分、化学成分、粒径级配、界限含水率、渗透性、压缩系数、压缩模量和抗剪强度等。对于滑带粒径级配,本书采用水筛法＋比重瓶法进行粒径级配试验;对于小应变剪切模量,本书采用弯曲元＋单向固结试验;对于碎石含量、空间排列和形貌,本书采用CT扫描试验;对于抗剪强度参数,由于滑带中含有碎石,本书分别采用小型直剪仪、中型直剪仪和大型直剪仪测量不同粒径级配的滑带的抗剪强度参数,然后根据统计学分析了滑带抗剪强度参数的变异性。

（2）滑带的固结蠕变

滑带的固结蠕变包括竖向固结蠕变和滑动面方向剪切蠕变。在自重应力和外部垂直荷载作用下,即使已完成主固结的滑带,在加载—卸载—再加载作用下依然会产生固结蠕变。除此之外,对于缓慢移动型滑坡,滑带会随着滑坡的滑动而产生内部结构的变化,比如剪胀、剪缩现象,此时颗粒之间的排列、接触关系和孔隙比发生变化,导致滑带进一步产生竖向蠕变。所以本书分别研究了单向加载固结蠕变、单向卸载蠕变、加载—卸载蠕变和加载—卸载—再加载蠕变,然后分析不同固结状态下的蠕变时程曲线,揭示不同固结状态下滑带蠕变机理。

（3）滑带的剪切蠕变

对于库区涉水型滑坡,在水平推力、渗透力和动水压力作用下,滑带受到的剪应力在不断变化,导致滑带内部碎石含量、级配、空间分布和接触关系发生改变,细粒土重新定向,孔隙结构和分布发生改变,从而影响滑带的剪切蠕变类型和阶段。本书分别研究了不同固结状态下,不同水平剪力导致的滑带蠕变特性、不同渗透力作用下滑带的剪切蠕变和动水压力下滑带的剪切蠕变。

（4）滑带的应力松弛

对于黄土坡滑坡而言,一方面,为了研究滑坡演化过程,在滑坡体内修建了试验隧洞群,这些试验隧洞群均为钢筋混凝土结构,刚度较大,几乎不发生变形,此时与钢筋混凝土隧道接触的滑带便会产生应力松弛现象;另一方面,为了治理滑坡,在滑坡前缘设置了支挡结构,当支挡结构稳定后,与支挡结构接触的滑带便开始应力松弛。本书分别采用直剪仪、三轴仪研究了在不同剪切和压缩应变条件下,滑带的应力松弛规律和影响因素。

（5）滑带的疲劳蠕变

由于三峡水库水位有30m的波动,所以库区内涉水滑坡会在往复动力作用下产生蠕变,即疲劳蠕变。对于涉水滑坡的滑带而言,有的是在疲劳荷载作用下产生竖向和水平向蠕变,有的是在动水压力作用下产生疲劳蠕变。本书分别研究不同循环剪力下的直剪疲劳蠕变、不同三轴压力作用下的疲劳蠕变和不同循环孔隙水压力下的疲劳蠕变。

第2章 黄土坡滑坡概况

2.1 自然地理与地质环境

2.1.1 自然地理

巴东县毗邻长江,行政区划隶属湖北省恩施州,新、老县城均位于巫峡与西陵峡之间的长江南岸,大巴山以东。东连兴山,秭归和长阳土家族自治县,东南与五峰土家族自治县相邻,南与鹤峰县接壤,西邻建始、重庆市巫山县,北接神农架林区。巴东县境内地势西高东低,南北起伏,多崇山峻岭,悬崖陡坡,峡谷深沟和溶洞伏流,地形狭长,素有"八百里巴东"之称。县城信陵镇,濒临长江南岸,沿长江水路东距三峡大坝约69km,地处长江黄金水道与209国道的交接点,是湖北省西部地区重要的交通中转站。经县城水路沿江东下至武汉,溯江西上抵重庆,陆路经209和318国道通达州府恩施。209国道连接南北,318国道贯通东西,交通便利。巴东县总面积3354km²,辖1个开发区、12个乡镇、491个村(居委会),总人口49.1万,其中少数民族占总人口的43%。巴东县境内武陵山余脉,巫山山脉,大巴山余脉盘踞南北,长江、清江横贯东西。最高海拔3005m,最大相对高差2938.2m。地形以山地为主,海拔1200m以上的高山占总面积的37.09%,800~1200m以上的中山区占33.07%。如图2-1所示。

巴东县城区属亚热带季风气候区,具有雨量充沛、四季分明,冬冷夏热等特点。城区多年平均气温17.5℃,7—8月份日均气温达35.3℃,1—2月份日均气温3.8℃。常年主导风向为东南风,平均风速2.7m/s。巴东县城区位于鄂西暴雨区五峰暴雨中心北缘,1954—2000年多年平均年降雨量1100.7mm,最大年降雨量1522.4mm(1954年),最小年降雨量694.8mm(1966年)。降雨具有连续集中的特点,4—9月份降水量占年降水量的71.8%。巴东城区雨季经常发生大暴雨或连续降雨,1h最大降雨量75.2mm(1991年8月6日),1d最大降雨量达193.3mm(1962年7月15日),7d最大降雨量237.5mm(1991年8月7—14日)。降雨量大且强度高是该区滑坡、泥石流等地质灾害的重要诱发因素。

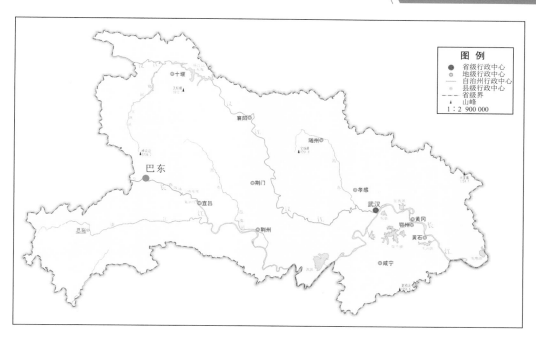

图 2-1　巴东县位置图

2.1.2　地形地貌

　　巴东县城在地形地貌成因上属于构造侵蚀中低山峡谷区,位于长江三峡中部,是西陵峡和巫峡之间的过渡地带。该区域最高山顶的高程约 1230m,与低处相对高差约 800m。长江在此段顺轴向近东西的官渡口复向斜核部偏南发育,流向自 N80°E 转S50°E。江面原始宽度 300~600m,河谷成开口较宽的 V 形横断面。由于黄土坡滑坡历史中曾发生过多次滑动和坡体变形,其地表发育多级坡度相对较缓的滑坡平台,滑坡表面的坡面形态为折线形,陡缓相间,其中坡面上部坡度为 25°~30°,中部坡度为15°~20°,底部坡度为 30°~35°。在滑坡结构上,黄土坡滑坡整体上为顺向坡,坡面倾向与基岩倾向基本一致,仅局部有所变化。该区域地表冲沟发育较多,受巴东断裂的影响,冲沟主要顺着裂隙发育,走向大致呈近南北方向,发育规模较大的冲沟自东向西分别为二道沟、三道沟和四道沟。其中,二道沟位于黄土坡滑坡的东侧,整体延伸方向为北偏东 30°,长度约 1km,切割深度20~50m。三道沟位于黄土坡滑坡的中部,整体呈近南北走向,全长约 1.5km,切割深度 30~40m;四道沟位于滑坡体的西侧,整体延伸方向为北偏东 10°左右,全长约 2km,切割深度较大,沟坡高陡,冲沟两侧大部分可见基岩出露。

2.1.3 地层岩性

黄土坡滑坡及其邻近区域的基岩地层主要为三叠系中统巴东组(T_2b)碎屑岩岩组与碳酸盐岩岩组相间分布的海陆交互相地层,底部与三叠系下统嘉陵江组第三段(T_1j^3)整合接触。该区域的巴东组地层总厚度约1250m,根据岩性不同可分为5段,其中第一、三、五段以灰色、浅灰色灰岩、泥灰岩为主,岩性较坚硬,第二、四段为紫红色泥岩夹粉细砂岩,岩性较软,黄土坡滑坡区域地层岩性如表2-1所示。

表 2-1 黄土坡滑坡区域地层岩性表

系	统	组	段	岩性	分段厚度(m)
三叠系	中统	巴东组(T_2b)	第五段(T_2b^5)	浅灰色微晶灰岩,灰白、灰黑色泥晶白云岩或夹泥岩,浅灰色白云质粉砂岩	21.52
			第四段(T_2b^4)	紫色灰质粉砂岩夹细砂岩、泥岩,紫色灰质泥岩夹粉砂岩、细砂岩,暗紫红色灰质泥岩夹灰绿色灰岩、微晶灰岩,紫红色灰质粉砂岩夹泥岩,紫红色灰质泥岩夹粉砂岩	354.50
			第三段上亚段(T_2b^{3-2})	浅灰绿、蓝灰色厚层泥岩,黄绿、浅灰、蓝灰、黄灰、绿灰色中厚层泥灰岩,夹浅肉红、褐黄色中厚至厚层泥质白云岩、浅灰色含生物碎屑粗晶灰岩	153.00
			第三段下亚段(T_2b^{3-1})	棕黄、灰黄、浅灰色白云岩,蓝灰、深灰色中厚至厚层灰岩,夹黄绿色钙质泥岩、深灰色中厚至厚层泥灰岩	229.30
			第二段(T_2b^2)	紫红色泥岩夹粉砂岩、紫红色含灰质结核粉砂岩、泥岩互层	418.87
			第一段(T_2b^1)	灰绿、黄绿、灰色灰质泥岩夹泥晶灰岩、白云岩、灰绿色石英砂岩	79.66
	下统	嘉陵江组(T_1j)	第三段(T_1j^3)	薄层白云质灰岩、白云岩、灰岩夹角砾状灰岩	

该区域内,巴东组第二段(T_2b^2)主要分布于高程430~460m以上坡体地段,岩性以紫红色泥岩、粉砂质泥岩为主,夹少量泥质粉细砂岩,岩石力学强度一般较低,易风化,遇水易软化、泥化,是三峡地区易滑地层之一。城区内地表出露的巴东组第二段(T_2b^2)岩体一般呈强风化状态,厚1~5m,在降水入渗作用下易产生坡体变形破坏,弱风化岩体仅出露于冲沟底部的局部地段,原岩结构保存完整,裂隙较发育,厚度6~10m。巴东组第三段(T_2b^3)依据岩性、结构、物质组成特征将T_2b^3细分为T_2b^{3-1}、T_2b^{3-2}两个亚段,具体岩性见表2-2。

表 2-2 巴东组第三段岩性划分表

亚段	层	岩性	分层厚度(m)	亚段厚度(m)
第三段上亚段(T_2b^{3-2})	29	浅灰绿、蓝灰色厚层灰质水云母黏土岩,顶部黄白色条纹状泥灰岩	32.55	153.00
	28	褐黄色中厚至厚层泥质白云岩	3.50	
	27	黄绿、灰色中厚层泥灰岩夹浅肉红色泥质白云岩	20.00	
	26	上部浅灰色粗晶灰岩,含生物碎屑;下部褐灰、棕黄色白云岩	2.45	
	25	蓝灰、黄灰、绿灰色中厚层泥灰岩夹灰岩	17.50	
	24	蓝灰色泥岩	1.70	
	23	棕黄色白云岩	2.90	
	22	灰黄、浅灰色中厚层白云岩	34.40	
	21	钙质泥岩	6.00	
	20	褐黄色砂糖状灰质白云岩与灰白、浅白色中厚层泥质灰岩互层	12.00	
	19	黄绿色钙质泥岩	6.00	
	18	黄灰色厚层白云质泥灰岩	10.00	
	17	黄绿色钙质泥岩,含灰质白云岩结核	4.00	
第三段下亚段(T_2b^{3-1})	16	灰黄、浅灰、黄褐色白云质灰岩	18.00	229.30
	15	蓝灰色中厚至厚层灰岩	14.00	
	14	深灰色中厚至厚层泥灰岩	20.00	
	13	深灰色中厚至厚层泥灰岩、灰岩,夹钙质泥岩	30.00	
	12	蓝灰、灰黄色中厚至厚层泥质灰岩与白云质灰岩互层	38.00	
	11	蓝灰色厚至中厚层泥质灰岩,产丰富的双壳类、头足类化石	3.00	
	10	灰黄、浅灰、灰白色厚层泥质白云岩	4.00	
	9	蓝灰色厚层泥质灰岩夹鲕粒白云质灰岩	17.00	
	8	灰白、浅灰色中厚层白云质灰岩	3.00	
	7	蓝灰色中厚层灰岩	2.00	
	6	浅灰、灰白色灰质白云岩,风化后呈砂糖状	20.00	
	5	深灰色中厚层灰岩	20.00	
	4	灰绿色钙质泥岩	1.00	
	3	蓝灰色厚层泥灰岩、泥质灰岩、灰岩	18.00	
	2	浅灰色中厚层白云质灰岩	17.30	
	1	灰绿色钙质泥岩	4.00	

下亚段（T_2b^{3-1}）岩性以灰岩、白云岩为主夹有白云质灰岩、泥质灰岩及钙质泥岩，顶部以一层厚 2.9m 的棕黄色白云岩为划分上、下亚段的标志层。该亚段岩层以厚至巨厚结构为特征，相对 T_2b^{3-2} 而言，灰质含量高，泥质含量低，岩性硬脆。区域东部主要分布于二道桥以上坡段，西部主要分布于四道沟、岩湾桥以上坡段，中部多被后期滑坡堆积层覆盖。该亚段的碳酸盐岩沿构造裂面岩溶较发育，主要表现为裂隙发育的溶沟、溶槽，部分岩芯沿层面或裂面见有溶孔，孔径一般小于 1cm，最大 2cm 左右，局部地段还见有方解石晶簇。上亚段（T_2b^{3-2}）岩性为泥质灰岩、泥灰岩、泥质白云岩、钙质泥岩或钙质泥岩与泥质灰岩互层，构成软硬相间的厚薄不均的层状岩体结构。与 T_2b^{3-1} 亚段相比，泥质含量明显增加，岩性相对较弱软，力学强度较低，且软硬不均。主要分布于高程 200～300m 以下坡段。地表出露的巴东组第三段（T_2b^3）碳酸盐岩，一般为弱风化岩体，局部呈强风化，表现为裂隙发育的碎裂岩块，沟谷底部及岸边偶见有微风化岩石出露。弱风化带一般厚 10～20m，微风化带底部深一般 40～70m。T_2b^3 岩体强风化带虽不发育，但由于软硬相间，加之岩溶相对发育，其微风化带厚度远比 T_2b^2 紫红色碎屑岩大。基岩上覆的第四系松散堆积层包括滑坡堆积层、残坡积—崩坡积堆积层、滑坡堆积层、泥石流堆积层以及冲洪积层和人工堆积层。其中，滑坡堆积层岩性主要为碎（块）石土，土石比 3：7～4：6，结构较松散。母岩成分主要为 T_2b^3 灰岩、白云岩、泥质灰岩、泥灰岩及钙质泥岩。最大厚度达 95.27m，一般为 36～65m，最小 35.44m。该类堆积体中可见似基岩的层状块裂岩，有时厚度较大。残坡积—崩坡积堆积层由碎石土、黏土或粉质黏土夹碎块石组成，碎块石成分主要取决于母岩，土石比 3：1～5：1，结构较松散，一般厚度小于 5m 的滑坡堆积层由滑移碎裂岩、碎（块）石土及滑带角砾土组成。泥石流堆积层零星分布于四道沟、三道沟等近沟口地段，由碎（块）石土或粉质黏土夹碎块石组成，一般厚 0.5～3m。冲洪积层则零星分布在前缘临江地带及冲沟沟口，岩性以灰色中、细砂及碎（块）石土夹砂为主。

2.1.4　地质构造

巴东县在区域构造上位于扬子地台川东坳陷褶皱束的东端，区域性褶皱主要为一系列向北西外凸近于平行展布的弧形褶皱，背斜多属紧闭背斜，局部有倒转现象，向斜为复式向斜，多沿主轴两侧呈平行斜列式展布。褶皱轴向自西向东由北东转为北东东，最后以近东西向嵌入秭归向斜中。次级构造处于轴向近东西的官渡口复向斜的东端南翼，南邻沙镇溪至百福坪背斜北翼，东临秭归向斜。黄土坡滑坡区域的主要的褶皱构造为呈近东西向展布的官渡口复向斜，向斜轴于黄土坡地区以西的凉水溪沟口延入长江，呈近东西向于黄土坡北部横穿而过。其核部地层除白岩沟口为 T_2b^4 外，大部

为 T_2b^3 地层。黄土坡地区位于官渡口复向斜南翼,主要发育一系列与之平行的次级小褶皱。巴东组第三段(T_2b^3)中揉皱紧密的近东西向小褶曲甚为发育。黄土坡及邻近地区的断层按走向可分为近东西、近南北向、北东向及北西向断裂组。区内规模最大的断层为巴东断裂(F1),分布于黄土坡南部,大致沿嘉陵江组(T_1j)与巴东组(T_2b)地层分界线呈近东西向延伸,地貌上呈现明显的线型沟谷低地。破碎带宽窄不一,最宽处位于滑坡区南东边缘 209 国道亩田湾段,宽约 130m,主断面产状 $350°\angle75°$。构造岩以角砾岩、碎裂岩为主,其间夹有挤压透镜体。近南北向断裂在区内仅于新码头江边一带见有一条规模较大的张扭性断裂,主断面产状 N16°W/NE∠80°,破碎带宽 15m,构造岩为张性角砾岩及方解石团块,两侧岩层牵引现象明显,近东西向陡倾劈理发育。区内北东向断裂见有 2 条,北西向断裂见有 3 条,一般规模均较小,破碎带宽 20~80cm,构造岩以碎裂岩、角砾岩为主,偶见有片状构造岩。

该区域节理裂隙发育主要受控于区域构造格局,其方向基本上与该区断裂及褶皱轴面一致。近东西向裂隙组为本区裂隙主要发育方向,一般倾北,倾角 65°~80°。裂隙间距小,多密集呈带状,中薄层结构的泥质灰岩表现明显,密度可达 50~100 条/m,中厚层灰岩中裂隙密度仅为 5~10 条/m。裂隙延伸一般较短,一般长 1~5m。裂隙主要发育于灰岩、泥质灰岩等硬脆性岩体中,多属压剪和张性,张性裂隙主要出现在褶皱转折部位,压剪裂隙则主要出现在褶皱两翼部位。近南北向裂隙组一般倾向东,倾角 70°~80°,裂隙间距较大,但延伸长,一般为 5~20m,测区西侧白岩沟、大岩洞一带长达数百米,常沿裂面形成陡坎地形。黄土坡地区该组裂隙面成为沟谷的侧向控制边界,多属横张或横剪性质,横张裂隙多呈雁行式,且充填有方解石脉。北东及北西向裂隙组一般倾北东或北西,倾角 50°~70°,裂面平直光滑,产状稳定,呈 X 形,多属剪切裂隙。

2.1.5 水文地质

长江流经巴东城区河段呈向北突出的弧形。三峡水库蓄水前,长江巴东县城段江面宽 300~600m,为三峡地区相对较宽的河段。该区域长江水量丰沛,枯洪水位变幅较大,洪水期出现在 7—9 月间,最高洪水位 112.85m(1970 年)。枯水期 1—3 月间,最低枯水位 54.77m(1979 年)。葛洲坝水库蓄水后,枯水位回升至 66.02m,最大洪峰流量 75000m³/s,最枯流量 2700m³/s,枯洪水位变幅达 46.83m,枯洪流量之比达27.8 倍。三峡工程开始建设后,水库蓄水分为四个阶段,历时 16 年。其中,第一个阶段为 1993—2003 年的一、二期工程施工期,这段时间的坝前水位控制在 60~80m。第二个阶段为 2003—2006 年的施工蓄水期,该段时间的坝前水位上升为 135m 左右。

第三个阶段为 2007—2008 年的初期蓄水期,该段时间的最高坝前水位为 156m 左右,最低坝前水位为 145m 左右。经过 6 年的初期蓄水阶段,2009 年后,三峡水库进入最高水位 175m、最低水位 145m 的周期性蓄水期。

根据三峡工程的正常运行方案,三峡水库设计采用蓄清排浑的运行方式,该方式可使水库在较长的运行时间内保持更大的有效库容。在每年的 6 月汛期到来之前,从长江上游搬运至库区的泥沙量还没有达到最大值,此时设计库水位为最低水位 145m,在 6—9 月的汛期期间,大坝持续泄洪,使库区水位仍然基本维持在 145m 左右。汛期过后,则关闭部分闸门开始持续蓄水,并最终于每年的 10 月底达到最高设计水位 175m。按照这种蓄清排浑的运行方案,三峡水库在冬季将以高水位运行,而在夏季则以低水位运行。

正常运行期,三峡水库每年的水位变化大致可分为四个阶段,并且有快升慢降的特点。其中,第一个阶段为每年 1—6 月的水位缓慢下降期,该段时间内,库水位历时约半年时间从最高水位 175m 缓慢下降至 145m;第二个阶段为每年 6—9 月的低水位稳定期,该段时间为长江的汛期,库水位始终保持在 145m 左右约 4 个月时间;第三个阶段为每年 10 月的水位快速上升期,在这一个月内,库水位会从最低水位 145m 快速上升到最高水位 175m;第四个阶段为每年 11 月和 12 月的高水位稳定期,这两个月的水位始终维持在最高水位 175m。

根据地下水含水介质特征、水动力及补径排特征,可将黄土坡及其邻近地区地下水分为碳酸盐岩岩溶水、碳酸盐岩夹碎屑岩裂隙岩溶水、碎屑岩裂隙水、松散堆积层孔隙水四类。碳酸盐岩岩溶水含水岩组的含水介质为三叠系嘉陵江组碳酸盐岩类,分布于黄土坡区域南部及其周边地区,嘉陵江组地层岩溶强烈发育,地表多见有岩溶漏斗及岩溶沟槽,地下水量较丰富,但其分布不均、埋深较大,南部山区属区域地下水补给区,岩溶水深埋地下,地表严重缺水,基本无泉水出露,嘉陵江碳酸盐岩系沿官渡向斜南翼向核部延伸,顶板高程由南向北逐渐降低,并深埋地下,其上覆为透水性微弱的 T_2b^1、T_2b^2 泥质和砂质岩系,因区内无大规模断裂发育,嘉陵江组岩溶水与上覆 T_2b^3、T_2b^2 裂隙岩溶水水力联系微弱,因此该类岩溶水的径流、排泄对黄土坡地区斜坡稳定性无直接影响。岩溶水质为 HCO_3—Ca 型,矿化度 $0.152\sim0.189g/L$。碳酸盐岩夹碎屑岩裂隙岩溶水含水岩组的含水介质为三叠系巴东组 T_2b^1、T_2b^3 的泥质灰岩、泥灰岩、灰岩夹泥岩、泥质粉砂岩。巴东组灰岩段岩溶不发育,地下水主要赋存于裂隙和溶蚀裂隙之中,其富水性弱,动态变化大,相对隔水层为泥质含量较高,裂隙不发育的钙质泥岩、泥灰岩微弱透水岩体。地下水位埋深 $42.55\sim68.17m$,位于松散土体与基岩界面以下 $7.55\sim16.87m$。富水性较弱,地下水主要靠大气降水补给,局部也有来自上部碎屑岩裂隙水的渗入补给,其排泄基准面总体受长江河谷及深切沟谷的制约,泉点主要沿长江岸边及大型冲沟两侧分布,流量多小于0.1L/s,水质为 HCO_3 —Ca 型,矿化度 $0.26 \sim 0.36g/L$。碎屑岩裂隙水含水岩组的含水介质为三叠系巴东组 T_2b^2 泥岩、粉细砂岩,这套红色岩系属基本不含水的隔水岩组。在地表浅部由于风化裂隙发育,含裂隙潜水,其富水性弱,动态变化大。地下水主要接受大气降水补给,径流与排泄受微地貌控制。泉水流量大多小于 $0.1L/s$,水质为 HCO_3 —Ca Mg 型,矿化度 $0.33 \sim 0.40g/L$。松散堆积层孔隙水含水层组的含水介质为区内各类成因的第四系松散堆积层。由于其成因、岩性、分布范围厚度不一,各类土体的含水透水性也有较大差异。区内残坡积、崩坡积碎块石土一般厚度不足 5m,其透水性好,主要展布于四道沟以西及二道沟以东缓坡地段,土体的赋水性与母岩的成分有一定关系,源于 T_2b^2 泥岩、粉砂岩的碎石土中碎块石块径小,黏粒成分含量较大,其含水性一般弱于源于 T_2b^3 灰岩、泥质灰岩的碎块石土。零星分布的残坡积、崩坡积碎石土一般不含水或季节性含水。少数堆积规模大,下伏基岩为隔水层的地段,含孔隙潜水,地下水靠大气降水补给,受含水介质和地形条件所限,在小范围内自成补径排系统,水交替迅速,水量贫乏,动态变化较大,泉水流量多小于 $0.1L/s$,水质为 HCO_3 —Ca 型,矿化度 $0.1g/L$。滑坡堆积体结构较松散,透水性较好,局部含孔隙裂隙水,一般以次级滑带、碎块石土层与基岩接触带或透水性微弱的滑带作为隔水层。水位埋深变化较大,一般埋深 $50.52 \sim 69.72m$,最大埋深 $78.20m$。地下水接受大气降水补给,其径流、排泄受滑坡微地貌及岩性控制,在滑坡平台前缘及沟谷切割处见有零星渗水及泉点分布,水质为 HCO_3 —Ca 型,矿化度 $0.25 \sim 0.43g/L$。

2.2 黄土坡滑坡的基本特性

2.2.1 滑坡的形态特征

根据勘察资料,黄土坡滑坡可分为临江 1 号滑坡体、临江 2 号滑坡体、变电站滑坡和园艺场滑坡四个主要部分以及近期发生的小滑坡,总面积约 $135 \times 10^4 m^2$,总体积约 $6934 \times 10^4 m^3$。临江滑坡体主要分布在二道沟和四道沟之间,高程 325m 以下的区域,被三道沟的基岩梁分为东、西两个部分,其中西侧的部分被称作临江 1 号滑坡体,东侧的部分被称作临江 2 号滑坡体。在黄土坡滑坡的四个主要组成部分中,临江滑坡体直接与江水接触,其稳定性受水库水位的影响最大,是黄土坡滑坡的主体,也是最危险的区域。临江 1 号滑坡体的东西向宽度 $450 \sim 500m$,南北向最大长度约 770m,总面积 $32.50 \times 10^4 m^2$,其西侧边界穿过原新港码头、职业高中、加油站以及县医院等区域,东侧边界整体上与三道沟的基岩梁重合,与临江 2 号滑坡堆积西侧相邻。在竖直方向上,临江1号滑坡体的厚度一般为60～80m,前缘和后缘薄,中部厚,平均厚度约69.40m。临江2号滑坡体的西侧边界与三道沟的基岩梁和临江1号滑坡堆积东侧边界重合,东侧边界基本沿二道沟走向分布,南北向最大长度约500m,东西向宽度400～600m,总面积约$32×10^4m^2$,平均厚度61.11m。两个临江滑坡体的体积分别为$2255.5×10^4m^3$和$1992×10^4m^3$,约占滑坡总体积的61%。临江滑坡体失稳后发生滑动的是变电站滑坡,该滑坡前缘物质覆盖在临江滑坡体后缘之上,前缘高程160～210m,后缘高程600m左右。滑坡的平面形态整体呈靴形,东西侧边界分别与二道沟和三道沟重合,滑体南北向最大长度1200m,后部较窄,平均宽度约440m,前部相对较宽,平均宽度约750m,滑体厚度一般为20～35m,滑坡总面积$38.1×10^4m^2$,总体积$1333.5×10^4m^3$。最后发生滑动的是位于临江1号滑坡体之后的园艺场滑坡,其前缘覆盖在临江1号滑坡体后缘与变电站滑坡西侧边缘之上,滑坡前沿高程220～240m,后沿高程520m左右,东西侧边界位于三道沟和四道沟之间,南北向最大长度约1100m,平均宽度约500m,滑坡总面积$32.6×10^4m^2$,总体积$1352.9×10^4m^3$。黄土坡滑坡四个主要组成部分的分布位置和相互叠覆关系如图2-2所示。

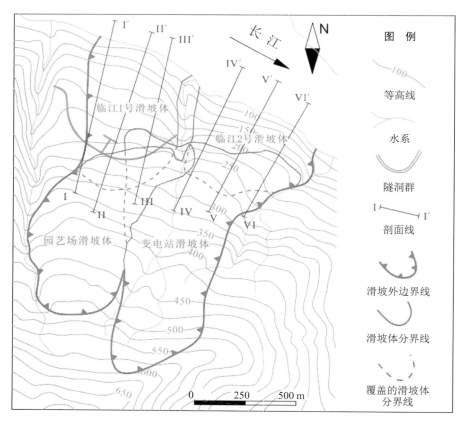

图2-2　黄土坡滑坡平面图

2.2.2 滑坡的物质组成

临江滑坡体物质成分以块石土为主,次为碎石夹(含)黏性土,碎石土呈透镜体状分布,三类土的体积比约为 6∶3∶1。块石土块径一般为 60～200cm,部分为 300～500cm,极少数大于 500cm。块石与块石间多夹(含)有碎石、碎石土,土石比 1∶9～2∶8。块石土累计厚度一般为 40～60m,多分布于高程 135m 以上地带。碎石夹(含)土,土石比 2∶8～3∶7,碎石多呈棱角至次棱角状,极少数呈次圆状。黏性土一般为粉质黏土,可塑至硬塑状态,少部分见有挤压痕迹,擦痕既有水平方向,又有竖直方向,分析系滑坡体形成后内部调整所致。该层主要分布于高程 135m 以下地带,累计厚度 35～70m。碎石土呈透镜体状分布于块石、碎石层中。碎石直径一般为 2～5cm,少数为 10～15cm,多呈次棱角状,接近基岩面的碎石多具弱至中风化特征,少数强风化。土体以粉质黏土为主,呈可塑至硬塑状态。单层厚度 0.1～1.0m,少数 5.0～10.0m。临江滑坡体物质来源为巴东组第三段,堆积体中块石为灰色灰岩或浅灰色泥岩。钻孔揭露临江滑坡体内存在多层明显的滑带,滑带物质多为粉质黏土夹碎石、碎屑,土石比 6∶4～8∶2。碎石、碎屑成分为泥质灰岩,直径一般为 1～5cm,多呈磨圆至次棱角状,接近基岩面的碎石多具弱至中风化特征,少数强风化。土体以粉质黏土为主,呈可塑至硬塑状态,结构稍密至密实。

变电站滑坡被高程 380m 一带的 T_2b^{3-1} 泥质灰岩组成的近东西向基岩硬坎将滑坡分成上、下二段。上段滑体堆积物质以 T_2b^2 紫红色泥岩、粉砂岩的碎裂岩为主,下段以源于 T_2b^2 紫红色泥岩的散裂岩为主,且在前缘地带覆盖在源于 T_2b^{3-1} 的浅灰色白云质灰岩、灰岩、白云岩组成的散裂岩之上。变电站滑坡滑带以棕红色粉质黏土为主,含少量角砾及碎石土,土石比 8∶2～9∶1,厚度一般为 1.50～2.75m。棕红色粉质黏土受挤压碾磨,结构较密实细腻,挤压揉皱现象和擦痕明显。角砾及碎块石成分多为泥岩、泥质粉砂岩,砾径 1～3cm,多呈棱角至次棱角状,该滑带从后缘至基岩硬坎逐渐变厚,且角砾、碎块石数量逐渐增多。园艺场滑坡的物质组成与变电站滑坡比较类似,其滑面生成于 T_2b^2 紫红色泥岩、泥质粉砂岩当中,滑动时因整合于 T_2b^2 紫红色岩系之上的 T_2b^{3-1} 灰岩层尚未滑坡或剥蚀殆尽,故 T_2b^{3-1} 残留灰岩不可避免地随下伏的紫红岩系一同下滑。因此园艺场滑坡滑体物质来源于 T_2b^2 紫红色泥岩、泥质粉砂岩和 T_2b^{3-1} 灰岩、白云质灰岩、白云岩两部分。滑坡前部以 T_2b^{3-1} 的散裂岩为主,后部以 T_2b^2 的块裂岩为主,而中部两者兼而有之,浅表层为 T_2b^{3-1} 的层状块裂岩及散裂岩,深层为 T_2b^2 的块裂岩。滑带物质为粉质黏土,可见挤压镜面和擦痕。

2.3 滑坡的勘察和治理

2.3.1 滑坡的勘察

　　黄土坡滑坡是三峡库区体积最大、危害性最严重的滑坡之一。由于对该滑坡区域稳定性认识不足,湖北省巴东县城主体在移民工程中选址在该滑坡体上,造成县城1.8万人不得不第二次整体搬迁。由于黄土坡滑坡对当地居民生命财产与长江航道安全的威胁巨大,关于其地质成因与稳定性的研究自20世纪80年代持续至今。1981年11月至1982年2月,湖北省综合勘察院开展了巴东县新城黄土坡总体规划阶段的工程地质勘察,并提交了《巴东县城新址黄土坡总体规划阶段工程地质报告》,该次勘察结论认为:黄土坡新城址整体上是稳定的,浅层的局部失稳可能发生,但可通过工程措施治理。1990年9月至1991年11月,湖北省水文地质工程地质大队对黄土坡滑坡进行详勘并提交了《湖北省巴东县新城址黄土坡滑坡工程地质勘察报告》,报告结论提出黄土坡存在大型岩质古滑坡,对滑坡区土地应控制性利用。1991年9月至1992年12月,湖北省水文地质工程地质大队开展了巴东县城滑坡泥石流勘察,并提交了《湖北省巴东县滑坡泥石流勘察报告》。该报告全面论述了城区24处滑坡和13条泥石流冲沟,对地质灾害进行了分区,同时提出了地质灾害防治对策。1992年7月至1995年5月,长江水利委员会第一勘测大队提交《长江三峡水利枢纽库区巴东县新城址地质条件论证报告》,确认规划区存在黄土坡滑坡,将滑坡范围界定为高程$80\sim$640m。1993—1995年,湖北省水文地质工程地质大队完成巴东县城水文勘察,并提交了《湖北省巴东县新城环境地质综合勘察报告》。1997年,中国地质大学完成并提交了省科协的科研项目“三峡库区巴东县黄土坡前缘稳定性预测与防治对策研究”,提出了稳定性分区及相应的防治对策。2001年初,湖北省地质灾害防治工程勘察设计院开展了黄土坡城区大规模的勘察工作,形成《长江三峡库区湖北省巴东县黄土坡城区滑坡与塌岸勘察报告》,提出黄土坡滑坡由临江1号滑坡体、临江2号滑坡体、变电站滑坡与园艺场滑坡四部分组成,滑坡总面积135万m^2,总体积6934万m^3。2002年2月,湖北省地质灾害防治工程勘察设计院对黄土坡滑坡进行补充勘察,查明了滑坡体前沿(高程200m以下)重点防治地段的坡体形态、滑坡体物质组成、结构特征及厚度,为防治工程设计提供了准确可靠的地质资料。2003年5—7月,湖北省地质灾害防治工程勘察设计院开展了巴东县城区地质安全评价工作,并提交了《巴东县城区地质安全评价报告》。报告结论提出巴东县城区发育有灾害体62处,其中滑坡31处、塌岸17处、泥石流14处,另有危险性高边坡54处。城区重大滑坡体有黄土坡滑坡、赵树岭滑坡等,以及四道沟、头道沟和黄家大沟两侧不稳定斜坡。2005 年 9 月,湖北省水文地质工程地质勘察院开展了巴东县城市总体规划(修编)城区地质灾害危险性评估工作,该次评估工作结论指出:在三峡库区第二期地质灾害治理中,黄土坡滑坡区前缘已进行了护坡工程治理,二道沟滑坡进行了抗滑治理,二道沟至头道沟及头道桥至秋风亭库岸进行了护坡工程治理,这些地段塌岸地质灾害隐患基本消除,二道沟滑坡已治理彻底,提高了滑体的稳定性,但黄土坡深层滑移的问题没有治理。就整体而言,黄土坡滑坡稳定性状况并没有得到大幅度的提高,加上黄土坡区域内影响人口众多的岩湾桥滑坡、巴一中变形体也没有进行治理。因此,黄土坡区域稳定性也只是治理前的基本稳定状态。

自 20 世纪 80 年代,多家单位的工程技术与科研人员对黄土坡滑坡开展了大量的勘察研究工作。针对黄土坡滑坡的研究,内容主要可以分为三类,即滑坡形成演化过程的研究、滑坡平面范围与深部地质结构的研究以及滑坡稳定性与变形趋势的研究。虽然关于黄土坡滑坡的研究成果众多,人们对该滑坡的认识也越来越深入,但是,由于黄土坡滑坡的范围巨大,滑坡体地质结构复杂,形成和演化过程曲折多变,与该滑坡演化与稳定性相关的很多结论仍没有达成共识。更重要的是,黄土坡滑坡体积如此巨大,它的稳定性直接关系到居住在其上的上万居民的生命和财产安全,以及长江主航道的通航安全。同时,黄土坡滑坡也是三峡库区具有典型地质环境条件的滑坡,关于黄土坡滑坡的研究成果对三峡库区其他具有类似工程地质条件的滑坡稳定性评价与防治工作具有重要的指导意义。因此,关于黄土坡滑坡的研究仍在继续。目前大部分关于黄土坡的研究均以 2001—2002 年的地质勘察资料为基础开展工作,不论是关于滑坡地质背景的研究,还是稳定性的研究都受到一定的局限性。近年,教育部长江三峡库区地质灾害研究中心在黄土坡滑坡建设了大型滑坡野外综合试验场,为典型水库滑坡的进一步研究提供了前所未有的新机遇。为了更加深入系统地对黄土坡滑坡开展全方位的研究,试验场在黄土坡滑坡临江 1 号滑坡体内开凿了一套累计长度超过 1km 的隧洞群,该隧洞群包括 908m 的主洞 1 个,长度 5~145m 不等的支洞 5 个,以及计划长度 20m 的试验平硐 2 个。除此之外,还在黄土坡滑坡临江 1 号滑坡体上打入了深度 76.8~127.1m 不等的钻孔 9 个,累计深度约 894m。在黄土坡滑坡地下隧洞群开挖以及钻孔过程中,我们采集了大量滑带土,为研究滑坡的变形演化提供了有利条件。

2.3.2　滑坡的治理

位于黄土坡区域的巴东新城于 1984 年开始建设,并于 1991 年基本建成,新建的各类建筑 500 多处,总建筑面积约 $54 \times 10^4 m^2$。经过十多年的建设,黄土坡区域一度成为巴东县的政治、经济和文化中心,除市政基础投资外,总投资金额达 3.6 亿元,各类在校学生与常住人口约 1.8 万。黄土坡地区地处 209 国道、长江黄金水道和巴东—秭归公路的交会处,地理位置十分重要。勘察资料表明,黄土坡地区地质条件复杂,冲沟发育,岩性破碎,地形坡面与基岩倾向的组合形成顺向斜坡,各类松散堆积体和崩滑变形体广泛分布。由于建设用地紧张,巴东新城建设过程中对斜坡岩土体的过度开挖和扰动以及废水的不合理排放导致该区域地质灾害频发。据不完全统计,自 1991 年新城基本建成以来,黄土坡区域由于各类大小地质灾害所造成的直接经济损失超过 4000 万元,其中,1995 年 6 月和 10 月发生在二道沟和三道沟的局部滑坡造成多人死亡或受伤的惨剧。如果黄土坡滑坡持续变形和破坏,不仅威胁城区上万居民的生命财产安全,而且还会毁坏公路,中断交通,对长江主航道的安全也造成重大威胁。由于黄土坡滑坡成因复杂,部分区域持续变形,存在较大安全隐患。2008 年 4 月,经国务院批准正式启动黄土坡整体避险搬迁。如今,黄土坡社区居民搬迁工作已经完成,但该体积巨大的滑坡体对当地人民生命安全与长江主航道安全的威胁始终存在。因此,对黄土坡滑坡稳定性的研究和综合治理,具有重要的经济和社会意义。自 2003 年建立地表变形监测系统以来,黄土坡滑坡地区的地表变形从未停止,三峡水库开始蓄水以后,地表变形有了进一步的发展,许多新建的房屋、道路以及挡土墙等设施产生了新的裂缝。2003—2008 年期间,地表 GPS 位移监测数据显示,临江 1 号滑坡体整体变形最大,位于堆积体中部的监测点累计位移达到 161.90mm。临江 2 号滑坡体变形量稍小,各监测点最大累计位移量为 53.02mm。变电站滑坡前缘的变形量较大,最大累计位移有 56.4mm,中后部变形量相对较小,累计位移量在 20mm 左右。园艺场滑坡变形量最小,整体最大累计位移量小于 20mm。2002 年 7 月 5 日,湖北省三峡库区地质灾害防治工作领导小组办公室对黄土坡滑坡区滑坡与塌岸防治工程初步设计作了批复,确定首先实施临江滑坡体塌岸防护及地表排水工程,核定防治工程概算总投资 1.29 亿元。2002 年 7—8 月,中国地质环境监测院完成防治工程施工图设计工作,主要工程治理措施为削坡整形工程、锚杆格构及砌石护坡工程、护坡桩工程、三道沟填筑工程、地表排水及监测工程等。整个工程按自然地形和工程类型划分为三个标段,以三道沟为界,将塌岸防治工程西、东划分为 A、B 两个标段,地表排水工程作为 C 标段。其中高程 135m 水位以下工程量约占总工程量的 55%,2003 年 4 月底完成 135m 水位以下的全部工程。削坡整形自 2002 年 9 月 25 日开始施工,至 2003 年 3 月 26 日完工;在坡面整形到位后,锚杆工程开始施工,于 2002 年 11 月 28 日开始,至 2003 年 3 月 8 日完成了 9103 根锚杆施工;2002 年 10 月 23 日护坡桩开始施工,至 2003 年 4 月 22 日全部完成 80 根护坡桩的施工;2003 年 3 月 21 日完成格构施工;2003 年 4 月 26 日完成干砌石护坡工程。2003 年 2 月 25 日至 4 月 21 日完成新增的三道沟西

"12·8"滑坡段的微型桩工程施工。2003年3月20日A标段135m水位以下预应力锚杆施工全部完成。B标于2003年3月31日完工,A标于2003年4月26日完工,至此全部完成了135m水位以下工程施工任务。为了满足三峡水库蓄水水位在2003年10月提前从135m提高到139m的需要,对此段局部防护高程较低地段的设计进行了优化,采用护坡短桩、浆砌石格构及锚固沟、干浆砌石护坡工程措施进行治理,2003年9月20日开始施工前期准备和坡面清理,9月23日全面开始蓄水加高段工程施工,9月26日完成蓄水加高段削坡整形,截至10月22日,完成139m水位蓄水加高段全部治理工程施工任务。随后,又继续140m水位以上段工程施工,2004年4月初,完成整个项目的削坡整形工程,2004年5月10日完成所有锚杆工程,同年6月20日完成全部格构工程,7月11日工程全部完工。主要工程量包括:护坡桩183根,削坡整形土方669870m³,三道沟填筑土方140732m³,锚杆17125根,砌石护坡面积181000m²,体积54707m³,浇筑格构混凝土17444m³,挡土墙长1521m,浆砌石10974m³,支墩2016个条,排水沟12条,浆砌石9725m³。目前,黄土坡滑坡处于175m水位以下水位变动带的前缘坡面区域已经通过专业的塌岸防治工程进行治理,减缓了江水对滑坡前缘的冲刷破坏,限制了库岸再造作用向滑坡内部发展,滑坡体内的辅助排水措施也对整体的稳定性起到了积极的作用。但是,最新的监测数据显示,黄土坡滑坡的变形和破坏并未出现收敛的迹象,可能对地表建筑造成持续的破坏,时刻威胁着居民的生命财产安全和长江航道安全。

2.4 滑坡内的试验隧洞

2001年黄土坡滑坡详细勘察项目结束后,关于黄土坡滑坡的分析研究、稳定性评价与预测,以及治理工程均以该次勘察所得出的结论为基础开展工作。2008年,中国地质大学(武汉)受中国教育部资助成立教育部长江三峡库区地质灾害研究中心,并在黄土滑坡临江1号滑坡体内通过开挖大型隧洞群的方式进行更加深入的研究,同时依托该隧洞群建立巴东野外综合试验场,作为滑坡地质灾害相关科研、教学、社会服务与学术交流基地。该隧洞群大部分结构呈弧形布置在临江1号滑坡体下的基岩中,主洞全长约908m,为拱形截面,截面尺寸为5m×3.5m,进口地面高程181.07m,出口地面高程187.73m。主洞内设5条连接支洞,其中1号、4号支洞长5m,2号支洞长10m,3号支洞长145m,5号支洞长40m,支洞截面尺寸均为3m×3.5m。3号支洞延伸方向为33°,5号支洞方向为26°,基本与滑坡的主滑方向一致。在3号支洞与5号支洞尽头出露滑带的区域各开挖了一条截面尺寸为3m×3.5m的试验平硐,可开展各种原位监测与科学试验。

隧洞群开挖虽然成本高昂,但是可以最直接地揭露滑坡体深部地质结构。通过大断面的隧洞开挖,不仅使研究人员能够直接进入大型滑坡体深部考察滑坡体地质结构,以及滑床、滑带与滑体的接触关系。同时,相对于钻探所取得的小尺寸扰动的岩芯样品,通过隧洞群开挖可最大限度地获得大尺寸原状滑带土,为滑动面定位、滑带力学性质测试、滑坡演化过程研究提供前所未有的有利条件。在滑坡深部隧洞群内安装变形传感器开展高精度深部连续变形监测,可最大限度排除地表变形监测所受到的各种因素干扰,从而获得可靠的滑坡深部时间—变形数据,为滑坡体变形过程研究与预警提供可靠的数据支撑。黄土坡滑坡试验场地下隧洞群采用新奥法施工,坚硬岩石段采用钻爆法开挖,软弱岩土段采用人工阶梯开挖预留核心土的方法掘进。首先施工的是总长度 908m 的主洞,为了减少出渣距离,施工时分别从两端的入口与出口向中间挖掘施工。主洞开挖完成后分别开挖 5 条支洞。根据最初的设计,主洞大部分位于基岩中,3 号支洞入口位于主洞中间,开挖穿越滑床与滑带,直至滑体,其余支洞为预留支洞,仅开挖 5~10m,以后根据需要继续开挖。实际施工中,主洞 655.1~705.6m 段出现滑带,3 号支洞开挖至约 140m 处揭露了滑带。为进一步勘察主洞滑带的空间分布特征,临时变更设计继续开挖 5 号支洞,试图再次揭露该层滑带。设计变更后的施工过程中,5 号支洞开挖至 20.1m 处时即出现了滑带。最后,在 3 号支洞与 5 号支洞滑带出露处沿着滑动面走向方向继续开挖试验平硐,用于获取更多的滑带土,同时为原位试验提供空间。

3 号支洞入口位于主洞中部,开挖方向为 33°,与早期勘察所得出的滑坡主滑方向一致。根据隧洞开挖前的勘察与设计,该支洞将在开挖至 38.3m 左右揭露滑带。然而,实际施工过程中,开挖直至 137.5m 左右才发现掌子面与侧壁顶部出现滑带。随着进一步向前开挖,掌子面与侧壁揭露出更多的棕黄色破碎岩体与土石混合体,直至 141.1m 之后,基岩完全消失。3 号支洞东侧壁 137.0~144.4m 段揭露的基岩、滑带与滑体接触关系,该处滑动面的倾向为 355°,倾角为 45°左右。3 号支洞揭露的滑带与主洞滑带略有不同,其颜色并不是灰绿色,而是呈棕黄色,滑带的颗粒成分中细颗粒含量更高,而粗颗粒碎石含量较少,但碎石仍具有明显的磨圆度。

第 3 章 滑带的基本物理力学性质

3.1 滑带的矿物与化学成分

钻孔与平硐所揭露的黄土坡滑坡滑带物质主要为含角砾或碎石的粉质黏土、黏土，滑带中碎石母岩的岩性主要以泥质灰岩和泥质粉砂岩为主，碎屑粒径一般为 2～50mm，多呈次圆至次棱角状，接近基岩面的碎石多具弱至中风化特征，少数强风化，土体呈可塑至硬塑状态。

为了分析滑带的矿物和化学成分，分别对试样进行了 X 射线衍射测试（XRD）与化学全量测试（XRF）。XRD 试验结果表明，滑带主要矿物成分为方解石（30％）、石英（20％）、伊利石（29％）、蒙脱石（11％）、绿泥石（5％）和长石（5％）。XRF 试验结果表明，滑带化学成分为 SiO_2（55.90％）、Al_2O_3（15.10％）、Fe_2O_3（4.30％）、MgO（4.90％）、CaO（2.48％）、Na_2O（0.11％）、K_2O（0.10％）、TiO_2（0.27％）、P_2O_5（0.03％）、MnO（0.03％）等。

3.2 滑带的粒径级配

本次用于颗粒分析的滑带为采自黄土坡滑坡野外试验场地下洞室群的扰动试样。由于黄土坡滑坡滑带并不是细粒土，而是一种土石混合体，它的物理力学性质是由其粗粒组和细粒组两者共同决定的，所以要分别讨论细粒与粗粒的物理力学性质。

本次试验研究所取试样主要是黄褐色以及灰褐色粉质黏土夹角砾和碎石。粒径级配如表 3-1 所示，其中细粒组（<0.075mm）的含量为 35.25％～41.81％，粗粒组中的角砾、碎石多呈棱角状，粒径在 10～50mm。砾粒的岩性多为灰绿色的泥质灰岩和灰岩，大多数处于强至中风化状态。

表 3-1　　　　　　　　　黄土坡滑坡滑带粒径分布表

粒径(mm)	小于某粒径土占总土质量的百分比(%)		
	1 号样品	2 号样品	3 号样品
50.000	100.0000	100.0000	100.0000
20.000	98.8766	93.9191	90.3565
10.000	86.7813	85.6670	79.4074
5.000	75.7447	72.6974	68.2378
2.000	63.6320	57.6700	54.4609
1.000	59.1253	53.5926	50.3022
0.500	52.5893	47.3235	44.4257
0.250	48.9960	44.1600	41.4296
0.075	41.8113	38.9761	35.2457
0.050	39.2107	35.0504	32.3832
0.010	30.2655	17.0414	16.5537
0.005	25.1521	13.8442	14.7604
0.002	20.7298	10.2550	10.7944

3.3　滑带中砾粒形状统计

为了研究碎石性状(圆形度、凹凸度等)对滑带物理力学性质的影响,对滑带中所含砾粒的形状参数进行了拍照、统计,如图 3-1 所示。然后将得到的照片导入软件,勾绘出颗粒的轮廓、长轴和短轴长度,并对得到的数据进行统计分析,结果如表 3-2 所示。

砾粒圆形度可由下式来表达:

$$F_1 = A_f / A_F \tag{3.1}$$

式中:F_1 为颗粒的圆形度;A_F 为颗粒的周长相同的等效圆形的面积;A_f 为颗粒的面积。

砾粒凹凸度可由下式来表达:

$$F_2 = A_f' / A_F \tag{3.2}$$

式中:F_2 为颗粒的凹凸度;A_f' 为颗粒内接椭圆面积。

统计结果得出绝大多数颗粒的圆形度都分布在 0.6～0.7,圆形度的平均值为 0.7159,凹凸度的平均值为 0.6947。

图 3-1　碎石颗粒形状图像统计资料

表 3-2　　　　　　　　　　　　　　**滑带中砾粒形状统计表**

编号	长轴(mm)	短轴(mm)	面积(mm²)	圆形度	凹凸度
1	33.099	23.016	583.583	0.695	0.678
2	38.800	23.073	850.509	0.595	0.719
3	35.900	30.346	848.113	0.845	0.838
4	25.057	25.341	466.007	0.989	0.945
5	43.248	25.087	861.109	0.580	0.586
6	32.374	28.989	821.070	0.895	0.998
7	42.838	31.042	1139.820	0.725	0.791
8	28.664	23.268	449.878	0.812	0.697
9	34.754	24.167	612.762	0.702	0.685
10	40.740	24.226	893.034	0.601	0.726
11	37.695	31.863	890.519	0.854	0.846
12	26.310	26.608	489.308	0.999	0.954
13	45.410	26.341	904.164	0.586	0.592
14	33.993	30.439	862.123	0.904	1.007

续表

编号	长轴（mm）	短轴（mm）	面积（mm²）	圆形度	凹凸度
15	44.980	32.594	1196.811	0.732	0.799
16	30.097	24.432	472.372	0.820	0.704
17	41.085	23.832	818.053	0.568	0.574
18	30.755	27.540	780.016	0.877	0.978
19	40.696	29.490	1082.829	0.710	0.775
20	27.231	22.105	427.384	0.796	0.683
21	33.016	22.959	582.124	0.688	0.671
22	38.703	23.015	848.383	0.589	0.712
23	35.810	30.270	845.993	0.837	0.829
24	24.994	25.277	464.842	0.979	0.935
25	43.139	25.024	858.956	0.574	0.580
26	32.293	28.917	819.017	0.886	0.987
27	42.731	30.964	1136.970	0.717	0.783
28	28.592	23.210	448.753	0.804	0.690
29	11.793	9.035	77.498	0.751	0.708
30	12.841	8.739	85.664	0.667	0.660
31	17.249	10.622	130.499	0.603	0.557
32	15.887	9.601	120.916	0.592	0.609
33	10.685	10.822	80.466	0.968	0.896
34	14.448	8.950	104.781	0.607	0.638
35	19.962	8.745	128.438	0.429	0.410
36	12.147	9.306	79.823	0.773	0.730
37	13.227	9.001	88.234	0.687	0.680
38	11.231	8.605	73.808	0.743	0.701
39	12.230	8.323	81.585	0.660	0.654
40	16.428	10.116	124.285	0.597	0.552
41	15.131	9.143	115.158	0.586	0.603
42	10.177	10.306	76.635	0.958	0.887
43	13.760	8.524	99.791	0.601	0.632
44	19.012	8.328	122.322	0.425	0.406
45	11.568	8.863	76.022	0.766	0.722
46	12.597	8.572	84.032	0.680	0.673
47	12.034	9.220	79.080	0.766	0.723
48	13.104	8.917	87.412	0.680	0.674
49	17.601	10.838	133.162	0.616	0.569
50	16.212	9.796	123.384	0.604	0.621

续表

编号	长轴（mm）	短轴（mm）	面积（mm²）	圆形度	凹凸度
51	10.904	11.043	82.109	0.987	0.914
52	14.743	9.133	106.919	0.619	0.651
53	20.370	8.923	131.059	0.438	0.418
54	12.395	9.496	81.452	0.789	0.744
55	13.497	9.185	90.035	0.701	0.694
56	11.461	8.781	75.314	0.759	0.716
57	12.480	8.492	83.250	0.674	0.667
58	16.763	10.322	126.821	0.610	0.563
59	15.440	9.330	117.508	0.598	0.615
60	10.384	10.517	78.199	0.978	0.905
61	14.041	8.698	101.828	0.613	0.645
62	19.400	8.498	124.818	0.434	0.414
63	11.804	9.044	77.574	0.781	0.737
64	12.854	8.747	85.747	0.694	0.687
65	11.912	9.127	78.281	0.758	0.715
66	12.971	8.827	86.529	0.674	0.667
67	17.424	10.729	131.817	0.610	0.563
68	16.048	9.698	122.137	0.598	0.615
69	10.793	10.931	81.279	0.977	0.905
70	14.594	9.041	105.839	0.613	0.644
71	20.164	8.833	129.735	0.434	0.414
72	12.269	9.400	80.630	0.781	0.737
73	13.360	9.092	89.125	0.694	0.687
74	11.345	8.692	74.554	0.751	0.708
75	12.353	8.407	82.409	0.667	0.660
76	16.594	10.218	125.540	0.603	0.558
77	15.284	9.236	116.321	0.592	0.609
78	10.279	10.410	77.409	0.968	0.896
79	13.899	8.610	100.799	0.607	0.638
80	19.204	8.412	123.557	0.429	0.410
81	11.685	8.953	76.790	0.773	0.730
82	12.724	8.659	84.881	0.687	0.680
83	12.155	9.313	79.879	0.774	0.730
84	13.236	9.007	88.295	0.687	0.681
85	17.779	10.948	134.508	0.622	0.575
86	16.375	9.895	124.630	0.610	0.628

编号	长轴（mm）	短轴（mm）	面积（mm²）	圆形度	凹凸度
87	11.014	11.154	82.938	0.997	0.923
88	14.892	9.225	107.999	0.626	0.658
89	20.575	9.013	132.383	0.442	0.422
90	12.520	9.592	82.275	0.797	0.752
91	13.633	9.277	90.944	0.708	0.701
92	11.576	8.869	76.075	0.766	0.723
93	12.606	8.578	84.091	0.681	0.674
94	16.933	10.427	128.102	0.616	0.569
95	15.596	9.424	118.695	0.604	0.621
96	10.489	10.623	78.989	0.987	0.914
97	14.183	8.786	102.857	0.620	0.651
98	19.596	8.584	126.079	0.438	0.418
99	11.924	9.135	78.357	0.789	0.744
100	12.984	8.836	86.613	0.701	0.694

3.4 滑带的物理力学指标统计与分布

本节利用已公开发表的黄土坡滑坡滑带直剪试验、三轴试验以及原位试验数据，来研究滑带物理力学参数的分布。滑带物理力学参数主要包括含水率（w）、干重度（γ_d）、天然重度（γ）、孔隙比（e）、饱和度（S_r）、液限（W_L）、塑限（W_P）、压缩模量（E_s）、黏聚力（c）和内摩擦角（φ）等指标，如表 3-3 所示。

表 3-3　　　　　　　　　　黄土坡滑坡滑带物理力学指标统计

指标	样本容量	分布区间	平均值	标准差	变异系数
$w(\%)$	105	9.6～19.3	14.16	1.9677	0.139
$\gamma(kN/m^3)$	38	18.1～22.6	20.95	0.9864	0.0471
$\gamma_d(kN/m^3)$	37	14.2～20.1	18.29	1.2594	0.0689
e	44	0.318～0.680	0.4565	0.0898	0.1966
$S_r(\%)$	95	51.6～100	89.28	10.369	0.1161
$W_L(\%)$	6	26.9～36.12	29.79	2.9956	0.1006
$W_P(\%)$	6	15.7～17.53	16.62	0.5511	0.0332
G_s	6	2.68～2.75	2.725	0.0214	0.0079
I_p	29	7.3～18.59	11.49	2.3636	0.2057
$E_s(MPa)$	37	1.9～15.8	7.408	3.6273	0.4896
$\rho_d(g/cm^3)$	10	1.78～2.08	2.039	0.1973	0.0968
$\rho(g/cm^3)$	4	2.05～2.15	2.0675	0.0043	0.0021

经过对比分析公开发表的关于黄土坡滑坡滑带的文献,统计滑带的各种物理指标可以得出如下结论:

临江1号滑坡滑带的含水率标准差较大,分布不均匀,主要集中在9.6%~19.3%,平均值为14.16%。滑带的天然重度的范围为18.1~22.6kN/m³,平均值为20.95kN/m³;干重度的范围为14.2~20.1kN/m³,平均值为18.29kN/m³,分布相对不均匀。孔隙比变化范围为0.318~0.680,均值为0.4565,可看出孔隙比变化相对较小。滑带的含水率总体来说小于塑限,塑限值分布在15.7%~17.53%,平均值为16.62%;液限值分布在26.9%~36.12%,平均值为29.79%。塑性指数分布在7.3~18.59,平均值为11.49,液性指数一般小于0,说明滑带属坚硬类土;饱和度分布在51.6%~100%,标准差很大,数据分布不均匀,饱和度一般大于80%。其他的物理指标如天然密度分布在2.05~2.15g/cm³,平均值为2.0675g/cm³;干密度分布在1.78~2.08g/m³,平均值为2.039g/m³。滑带的压缩模量分布在1.9~15.8MPa,平均值为7.048MPa。

通过统计已发表文献的滑带室内直剪试验,可知滑带抗剪强度较高。试验结果显示,c值变化范围为15~222kPa,均值为64.22kPa,分布不均匀;而内摩擦角φ变化范围为6°~19°,均值为12.86°,如表3-4所示。

表 3-4　　　　　　　　　黄土坡滑坡滑带直剪试验c、φ值统计

指标	样本容量	分布区间	平均值	标准差	变异系数
c(kPa)	48	15~222	64.22	37.857	0.589
φ(°)	48	6~19	12.86	3.653	0.284

通过对临江1号滑坡的钻探和野外试验隧洞的建设,进一步对滑带的物理力学特性有了更全面的了解:滑坡前缘滑带的高程82~89m;滑带的物质组成主要是粉质黏土、黏土夹角砾、碎石,黏粒含量为19%~48.5%,粉粒含量为22.5%~37%;滑带的黏聚力为88~170kPa,内摩擦角为9°~19°;滑坡的中部滑带的高程120~140m,滑带的物质组成有粉质黏土和碎石,黏粒含量为13%~32%,而粉粒含量为18%~36%,滑带黏聚力为70~100kPa,而内摩擦角范围为9°~18°;滑坡后缘滑带的高程152~203m,滑带的主要组成和中部的大致相同,其黏粒含量为19%~21%,粉粒含量为20.5%~21%,黏聚力在26.6~36kPa范围变化,内摩擦角在8°~16.7°范围波动。由此可以得出,临江1号滑坡主滑带在沿着主滑方向上黏粒和粉粒颗粒含量有增大的趋势,黏聚力和内摩擦角从后缘到前缘呈增加的趋势。

3.4.1　滑带物理力学指标统计关系

为了揭示黄土坡滑坡滑带物理力学指标之间的统计关系,并根据所能搜集到的数

据采用数理统计的方法来分析滑带在直剪试验条件下抗剪强度、含水率、孔隙比以及饱和度的相互关系及分布规律。

本次的分析方法主要是采用数理统计方法,包括一元线性回归、多项式非线性回归、指数非线性回归等方法,然后使用最小二乘法来拟合最佳曲线,对各种物理力学指标进行检验并且分析它们的统计关系。

(1)一元线性回归

一元线性回归拟合,又称为直线拟合。根据一组测量数据,其大致符合线性关系 $y = a + bx$,就可以用此方法来拟合,然后求出 a、b 的值,最终确定直线拟合曲线的表达式,具体思路与方法如下:

对于一组测量数据中的一点 (x_1, y_1),其大致满足线性关系,接下来假定 x_1 的误差很小,是可以被忽略的,则在同一自变量 x_1 下,可以将测量点 y_1 和直线 $y = a + bx$ 上拟合的点的误差 d_1 表示为:

$$d_1 = y_1 - (a + b x_1) \tag{3.3}$$

$$d_2 = y_2 - (a + b x_2) \tag{3.4}$$

$$\cdots\cdots$$

$$d_m = y_m - (a + b x_m) \tag{3.5}$$

按照最小二乘法准则,令误差平方和为:

$$F = \sum_{i=1}^{m} d_i^2 = \sum_{i=1}^{m} \left[y_i - (a + b x_i) \right]^2 \tag{3.6}$$

F 对 a 和 b 分别求一阶偏导数为:

$$\frac{\partial F}{\partial a} = 2 \sum_{i=1}^{m} (a + b x_i - y_i) = 2 \left[ma + b \sum_{i=1}^{m} x_i - \sum_{i=1}^{m} y_i \right] \tag{3.7}$$

$$\frac{\partial F}{\partial b} = 2 \sum_{i=1}^{m} (a + b x_i - y_i) = 2 \left[a \sum_{i=1}^{m} x_i + b \sum_{i=1}^{m} x_i^2 - \sum_{i=1}^{m} x_i y_i \right] \tag{3.8}$$

令 $\frac{\partial F}{\partial a} = 0$,$\frac{\partial F}{\partial b} = 0$,得到方程组:

$$ma + b \sum_{i=1}^{m} x_i = \sum_{i=1}^{m} y_i \tag{3.9}$$

$$a \sum_{i=1}^{m} x_i + b \sum_{i=1}^{m} x_i^2 = \sum_{i=1}^{m} x_i y_i \tag{3.10}$$

用上述推导出的方程组,代入各个已知的数据,再通过求解就可得到 a 和 b 的值,最后就可得到在一元线性回归下的拟合曲线。

（2）多项式回归

由于在许多情况下试验数据是非线性的，有必要使用非线性函数来拟合该数据。因此，可以通过变量替换将非线性关系转换为线性形式，根据线性调整方法获得参数的值，最后通过变量回带获得原始参数的值。这样的方法称为线性化方法。如果选用多项式来拟合非线性数据，则称之为多项式拟合。

已知 m 组非线性数据 (x_i, y_i) $(i=1,2,\cdots,m)$，试用 n 次多项式：

$$y = a_0 + a_1 x + a_2 x^2 + \cdots + a_n x^n \quad (n < m-1) \tag{3.11}$$

$$F = \sum_{i=1}^{m} \left[y_i - (a_0 + a_1 x + a_2 x^2 + \cdots + a_n x^n) \right]^2 \tag{3.12}$$

然后再对其进行拟合，让误差平方和 F 达到最小值，以此来确定拟合的多项式非线性回归曲线。根据线性化方法，可以将多项式拟合转化成多元线性拟合求其参数。

对于 n 次多项式 $y = \sum_{j=0}^{n} a_j x^j$，只要令 $t_j = x^j$ $(j=0,1,2,\cdots,n)$ 就可以转化成线性形式 $y = a_0 + \sum_{j=1}^{n} a_j t_j$，具体实现过程如下：

设 m 个试验点 $x_i, i=0,1,2,\cdots,m$，令 $t_{ij} = x_j^i$，代入多项线性拟合正规方程组得：

$$m a_0 + \sum_{j=1}^{n} \left(\sum_{i=1}^{m} x_i^j \right) a_j = \sum_{i=1}^{m} y_i \tag{3.13}$$

$$\sum_{i=1}^{m} a_0 x_i^k + \sum_{j=1}^{n} \left(\sum_{i=1}^{m} x_i^{j+k} \right) a_j = \sum_{i=1}^{m} x_i^k y_i \quad (k=1,2,\cdots,n) \tag{3.14}$$

写成矩阵形式为：

$$\begin{pmatrix} m & \sum_{i=1}^{m} x_i & \cdots & \sum_{i=1}^{m} x_i^n \\ \sum_{i=1}^{m} x_i & \sum_{i=1}^{m} x_i^2 & \cdots & \sum_{i=1}^{m} x_i^{n+1} \\ \vdots & \vdots & & \vdots \\ \sum_{i=1}^{m} x_i^n & \sum_{i=1}^{m} x_i^{n+1} & \cdots & \sum_{i=1}^{m} x_i^{n+n} \end{pmatrix} \begin{pmatrix} a_0 \\ a_1 \\ \vdots \\ a_n \end{pmatrix} = \begin{pmatrix} \sum_{i=1}^{m} y_i \\ \sum_{i=1}^{m} x_i y_i \\ \vdots \\ \sum_{i=1}^{m} x_i^n y_i \end{pmatrix} \tag{3.15}$$

这是含有 $n+1$ 个未知数和 $n+1$ 个方程的线性方程组，可代入已知的数据直接求出参数 $a_0, a_1, \cdots, a_n$ 的值。回归计算式为 $y = c + bx + ax^2$。

（3）指数回归

数据如具有指数或近似指数规律时，可建立指数回归模型进行分析，公式为：

$$y_i = a e^{bi} \quad (i=1,2,\cdots,m) \tag{3.16}$$

式中：y_i 为数据列的各样本值；i 为对应样本值的序列值。

对上式两边取对数得：

$$\ln y_i = \ln a + bi \tag{3.17}$$

令 $Y_i = \ln y_i$，$A = \ln a$，便可将上述指数回归转化为线性回归模型：

$$Y_i = A + bi \tag{3.18}$$

上式中有：

$$A = \frac{\sum Y_i}{m} - \frac{b \sum i}{m} \tag{3.19}$$

$$b = \frac{\sum i\, Y_i - (\sum i \sum Y_i / m)}{\sum i^2 - (\sum i)^2 / m} \tag{3.20}$$

则可求得：

$$y_i = a\, e^{bi} = \ln \left[\frac{\sum Y_i}{m} - \frac{b \sum i}{m} \right] \exp \frac{\sum i\, Y_i - (\sum i \sum Y_i / m)}{\sum i^2 - (\sum i)^2 / m} \tag{3.21}$$

当 $i = m+1$ 时可得 y_{m+1}，y_{m+1} 为此数据列的预测值。回归方程式为 $y = a\, e^{bx}$。

使用统计软件对滑带的物理力学指标之间的关系进行统计，结果如表 3-5 所示。

表 3-5 　　　　　　　　　　黄土坡滑坡滑带物理力学指标统计关系

样本容量	因变量	自变量	回归方程
20	c	w	$y = -9.9766x + 214.1$ $y = -1.0781x^2 + 18.442x + 30.002$ $y = 485.79 e^{-0.149x}$
20	c	e	$y = 203.67x - 16.92$ $y = 2690.9x^2 - 2523.6x + 649.22$ $y = 29.619 e^{1.6188x}$
20	c	S_r	$y = 0.9456x - 6.729$ $y = 0.0099x^2 - 0.7483x + 64.832$ $y = 26.723 e^{0.0096x}$
20	c	φ	$y = -0.6761x + 86.634$ $y = 0.1157x^2 - 3.8636x + 107.64$ $y = 66.246 e^{-0.004x}$
20	φ	w	$y = 0.2118x + 11.34$ $y = 0.3331x^2 - 8.5684x + 68.217$ $y = 11.913 e^{0.0114x}$

样本容量	因变量	自变量	回归方程
20	φ	e	$y=2.5165x+13.09$ $y=211.84x^2-212.18x+65.531$ $y=13.405\mathrm{e}^{0.0851x}$
20	φ	Sr	$y=-0.0002x+14.271$ $y=-0.0005x^2+0.0772x+10.999$ $y=14.826\mathrm{e}^{-7\times0.0001x}$

将抗剪强度力学指标黏聚力 c 和内摩擦角 φ 设为因变量,其他物理力学指标如含水率、孔隙比和饱和度为自变量来进行相关性分析。可知,滑带在直剪试验条件下的抗剪强度指标 c 值与含水率呈很好的负相关性,随着含水率的升高而降低;抗剪强度指标 φ 值与含水率、孔隙度和饱和度的回归曲线都近乎水平,表明其对内摩擦角的影响较小。

3.4.2　滑带物理力学指标分布规律

在研究连续型总体时,通常考虑其是否服从正态分布。有许多测试总体呈正态性分布,这时偏度和峰度的检验方法更为有效。峰度,也称为峰度系数,表示概率密度分布曲线在平均峰值处的特征数。直觉上,峰度反映了尾端的粗细。偏度是表征概率分布的密度分布曲线相对于平均值的不对称程度的特征数量。直观上,这是密度函数曲线尾部的相对长度。

(1)样本偏度与峰值

设 $X_1,X_2,\cdots,X_n$ 为从总体 F 中抽取的样本,则称下式为样本偏度:

$$\widehat{\beta_1}=\frac{m_{n,3}}{m_{n,2}^{3/2}}=\sqrt{n}\sum_{i=1}^{n}(X_i-\bar{X})^3\bigg/\left[\sum_{i=1}^{n}(X_i-\bar{X})^2\right]^{3/2} \tag{3.22}$$

式(3.22)反映了总体偏度的相关数据,总体偏度的定义为 $\beta_1=\mu_3/\mu_2^{3/2}$,此处 $\mu_i(i=2,3)$ 是总体的 i 阶中心矩。β_1 是反映总体分布的非对称性或偏倚性的一种度量。正态分布 $N(a,\sigma^2)$ 的偏度为零。

设 $X_1,X_2,\cdots,X_n$ 为从总体 F 中抽取的样本,则称下式为样本峰度:

$$\widehat{\beta_2}=\frac{m_{n,4}}{m_{n,2}^2}-3=\sqrt{n}\sum_{i=1}^{n}(X_i-\bar{X})^4\bigg/\left[\sum_{i=1}^{n}(X_i-\bar{X})^2\right]^2-3 \tag{3.23}$$

样本峰度反映了总体峰度的相关信息,总体峰度的定义是 $\beta_2=\mu_4/\mu_2^2-3$,其中 $\mu_i(i=2,4)$ 跟前面一样,是总体的 i 阶中心矩。β_2 是一种度量,反映了总体分布密度函数在最大值点附近"峰"的尖削程度。正态分布 $N(a,\sigma^2)$ 的峰度为零。

　　如果连续型总体数据的偏度、峰度都近似于 0,这个总体数据则可被判定是来自正态总体的;如果其峰值为正,则表示其相对正态分布是尖锐的;如果其峰值为负,则表示其相对正态分布是平坦的。

　　(2)拒绝域

　　设 X_1、X_2,$\cdots$,X_n 为从总体 F 中抽取的样本,来检验假设 H_0,设 σ_1、σ_2,如式(3.24)~式(3.28)所示。

$$\sigma_1 = \sqrt{\frac{6(n-2)}{(n+1)(n+3)}} \tag{3.24}$$

$$\sigma_2 = \sqrt{\frac{24n(n-2)(n-3)}{(n+1)^2(n+3)(n+5)}} \tag{3.25}$$

$$\mu_2 = 3 - \frac{6}{n+1} \tag{3.26}$$

$$\mu_1 = \beta_1 / \sigma_1 \tag{3.27}$$

$$u_2 = (\beta_2 - \mu_2) / \sigma_2 \tag{3.28}$$

　　一般来说,当$|u_1|$、$|u_2|$值过大时,就会拒绝 H_0。取显著性检验水平 $\alpha = 0.1$,则 H_0 的拒绝域可表示为:

$$|u_1| = |\beta_1 / \sigma_1| \gg z_{\alpha/4} = 1.96 \tag{3.29}$$

$$|u_2| = |(\beta_2 - \mu_2) / \sigma_2| \gg z_{\alpha/4} = 1.96 \tag{3.30}$$

　　根据以上的正态检验方法,得出黄土坡滑坡滑带的物理力学指标的分布规律如表 3-6 和表 3-7 所示。可知,黄土坡滑坡滑带含水率、孔隙度、液限、塑限、压缩模量等服从正态分布,饱和度近似符合正态分布,其余的天然重度、干重度、比重、塑性指数、天然密度和干密度等都不服从正态分布;在抗剪强度指标的统计分布规律中,直剪试验条件下 c 值服从正态分布,φ 值近似服从正态分布。通过以上物理力学指标的统计分析可以评价或者确定黄土坡滑坡滑带的物理力学参数,对滑坡稳定性计算和流变模型具有重要的参考意义。

表 3-6　　　　　　　黄土坡滑坡滑带直剪试验下 c、φ 值统计分布规律

指标	样本峰度 $\widehat{\beta_1}$	样本偏度 $\widehat{\beta_2}$	$|u_1|$	$|u_2|$	正态检验结果	分布形态
$c(\text{kPa})$	5.8589	2.0763	17.6297	1.3218	接受	正态分布
$\varphi(°)$	-0.9831	-0.3627	2.9582	5.3455	拒绝	近似正态分布

表 3-7 黄土坡滑坡滑带物理力学指标统计分布规律

指标	样本峰度 $\hat{\beta_1}$	样本偏度 $\hat{\beta_2}$	$|u_1|$	$|u_2|$	正态检验结果	分布形态
$w(\%)$	0.0539	−0.1315	0.2320	6.9044	接受	正态分布
$\gamma(kN/m^3)$	1.5516	−1.2445	4.2216	6.2489	拒绝	非正态分布
$\gamma_d(kN/m^3)$	1.6573	−1.2693	4.4588	6.2294	拒绝	非正态分布
e	0.4220	0.7518	1.2226	3.3868	接受	正态分布
$S_r(\%)$	0.7501	−0.4876	3.0800	7.3698	拒绝	近似正态分布
$W_L(\%)$	3.9463	1.8907	6.3937	0.4225	接受	正态分布
$W_P(\%)$	1.1876	−0.0329	1.9241	3.6455	接受	正态分布
G_S	4.1488	−1.7444	6.7218	6.5131	拒绝	非正态分布
I_p	1.5288	0.4952	3.7216	3.2628	拒绝	非正态分布
$E_s(MPa)$	−0.4324	0.4607	1.1633	3.6082	接受	正态分布
$\rho_d(g/cm^3)$	−2.0395	0.1916	3.5202	2.9984	拒绝	非正态分布
$\rho(g/cm^3)$	4.000	−2.000	6.8313	10.8836	拒绝	非正态分布

3.5 滑带的小尺寸直剪试验

3.5.1 试验原理与试验仪器

土的抗剪强度是指土在外力作用下剪切时,抵抗剪切的极限强度。在本试验中,同一种土的多个试样在不同垂直压力下沿固定剪切面施加水平剪力,以获得破坏时的剪切应力。然后,根据库仑定律,确定土的抗剪强度指标内摩擦角和黏聚力。为了减小尺寸效应,试样过 2mm 孔的筛子。常规小尺寸直剪仪采用的是应变控制式,由剪切盒、垂直加压设备、剪切传动装置、测力计以及位移量测系统等组成(图 3-2)。

仪器的操作方法如下:

(1)以仪器台面为基础,调整机架,使其水平,稳固仪器。

(2)调整平衡锤位置,使杠杆处于平衡状态。

(3)在剪切盒中装好试样,对准上下剪切盒,插入螺丝插销并旋紧,在下剪切盒内放入透水石和滤纸,将装有试样的环刀平口重叠于上剪切盒口,用盖子将试样压入剪切盒中。试样上顺次放滤纸、透水石、传压板。

(4)将加压框上的横梁压头对准传压板,调整压头位置,使杠杆微上抬,使剪切盒部分能自由放取。

(5)转动顶头,向前推动量力环,使加压框处于垂直状态,把固定座上的螺丝顶头向前旋进,使每联均接触好,然后锁紧螺母。

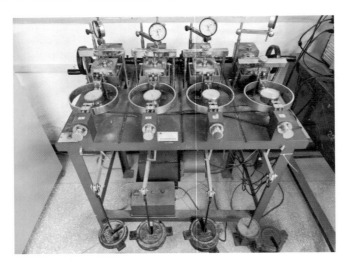

图 3-2　四联电动直剪仪

(6)按要求逐级施加垂直压力。

(7)转动推进杆使其与剪切盒接触。

(8)待试样达到固结要求后,拧出上剪切盒螺丝插销,准备剪切。

(9)剪切速率的选择按试验要求而定,仪器具有 2.4mm/min、0.8mm/min、0.1mm/min、0.02mm/min 四档剪切速率。

(10)打开电源开关后,将仪器面板上的开关拨向剪切位置,此时剪切试验开始。

(11)当试样发生剪切时,软件自动记录剪应力,绘制剪应力—剪切位移关系曲线,得到抗剪强度。根据抗剪强度与竖向压力的关系曲线,可以计算内摩擦角和黏聚力。

(12)剪切结束后,将开关拨向退回,当退回停止时,将开关拨向中间档。

3.5.2　试样制备与试验方案

本次试验采用的是风干滑带,具体制样过程如下:

(1)将滑带用橡皮锤锤碎,过 2mm 孔径的筛子。

(2)加水分别配制成含水率为 14%(接近天然)、20%(中间状态)和 26.67%(接近饱和)的试样。

本试验设有 3 个垂直正压力(100kPa、200kPa、400kPa)、3 个剪切速率(2.4mm/min、0.8mm/min、0.1mm/min)以及 3 个含水率(14%、20%、26.67%)。如果采用传统的试验方案,则需要做 27 组试验。为了节约时间,选择了正交试验,只需做 9 组试验(表 3-8)。现将垂直正应力记为 A,剪切速率记为 B,含水率记为 D。做的 9 组试验分别为:A_1B_1

D_1、$A_1B_2D_2$、$A_1B_3D_3$、$A_2B_1D_3$、$A_2B_2D_1$、$A_2B_3D_2$、$A_3B_1D_2$、$A_3B_2D_3$、$A_3B_3D_1$。

表 3-8   滑带剪切试验方案

试验方案	正压力（kPa）	剪切速率（mm/min）	含水率
$A_1B_1D_1$	$A_1=100$	$B_1=2.4$	$D_1=14\%$
$A_1B_2D_2$	$A_1=100$	$B_2=0.8$	$D_2=20\%$
$A_1B_3D_3$	$A_1=100$	$B_3=0.1$	$D_3=26.67\%$
$A_2B_1D_3$	$A_2=200$	$B_1=2.4$	$D_2=20\%$
$A_2B_2D_1$	$A_2=200$	$B_2=0.8$	$D_3=26.67\%$
$A_2B_3D_2$	$A_2=200$	$B_3=0.1$	$D_1=14\%$
$A_3B_1D_2$	$A_3=400$	$B_1=2.4$	$D_3=26.67\%$
$A_3B_2D_3$	$A_3=400$	$B_2=0.8$	$D_1=14\%$
$A_3B_3D_1$	$A_3=400$	$B_3=0.1$	$D_2=20\%$

3.5.3　试验结果与分析

3.5.3.1　试样破坏形态

直剪试验后试样破坏形态如图 3-3 所示,呈现出以下特征:

(1)试样整体存在不同程度的法向压缩变形。

(2)试样中间出现了一个贯通的剪切带,将试样分割成上、下两部分,剪切面光滑且可见定向擦痕,表明剪切带颗粒发生了定向排列。

(3)剪切面土颗粒较细,剪切面光滑,黏粒含量较高。

（a）试样破坏形态俯视　　　　　　　　　　（b）试样破坏形态侧视

图 3-3　试样破坏形态

3.5.3.2　剪应力—剪切位移关系曲线

分别开展不同组合试验的直剪试验,典型的结果如图 3-4 所示($A_2B_2D_1$试样)。

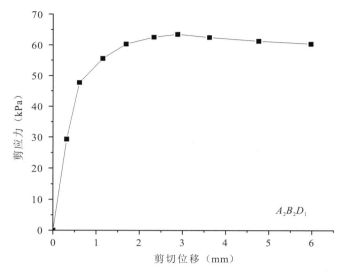

图 3-4　$A_2B_2D_1$试样剪应力—剪切位移关系曲线

具体试验结果如下:

(1)$A_1B_1D_1$试样。当垂直应力为 100kPa,剪切速率为 2.4mm/min,含水率为 14％时,滑带的剪切强度为 34.04kPa。在剪切过程中,试样压缩了 0.080mm。

(2)$A_1B_2D_2$试样。当垂直应力为 100kPa,剪切速率为 0.8mm/min,含水率为 20％时,滑带的剪切强度为 6.402kPa。在剪切过程中,试样压缩了 0.105mm。

(3)$A_1B_3D_3$试样。当垂直应力为 100kPa,剪切速率为 0.1mm/min,含水率为 26.67％时,滑带的剪切强度为 39.50kPa。在剪切过程中,试样压缩了 0.190mm。

(4)$A_2B_1D_3$试样。当垂直应力为 200kPa,剪切速率为 2.4mm/min,含水率为 26.67％时,滑带的剪切强度为 72.19kPa。在剪切过程中,试样压缩了 0.120mm。

(5)$A_2B_2D_1$试样。当垂直应力为 200kPa,剪切速率为 0.8mm/min,含水率为 14％时,滑带的剪切强度为 60.86kPa。在剪切过程中,试样压缩了 0.130mm。

(6)$A_2B_3D_2$试样。当垂直应力为 200kPa,剪切速率为 0.1mm/min,含水率为 20％时,滑带的剪切强度为 6.474kPa。在剪切过程中,试样压缩了 0.010mm。

(7)$A_3B_1D_2$试样。当垂直应力为 400kPa,剪切速率为 2.4mm/min,含水率为 20％时,滑带的剪切强度为 69.35kPa。在剪切过程中,试样压缩了 0.190mm。

(8)$A_3B_2D_3$试样。当垂直应力为 400kPa,剪切速率为 0.8mm/min,含水率为 26.67％时,滑带的剪切强度为 65.84kPa。在剪切过程中,试样压缩了 0.290mm。

(9)$A_3B_3D_1$试样。当垂直应力为 400kPa，剪切速率为 0.1mm/min，含水率为 14%时，滑带的剪切强度为 104.90kPa。在剪切过程中，试样压缩了 0.185mm。

(10)$A_1B_2D_1$试样。当垂直应力为 100kPa，剪切速率为 0.8mm/min，含水率为 14%时，滑带的剪切强度为 20.30kPa。

(11)$A_3B_2D_1$试样。当垂直应力为 400kPa，剪切速率为 0.8mm/min，含水率为 14%时，滑带的剪切强度为 93.55kPa。

可知，在小尺寸直剪试验中滑带的黏聚力(c)为 21kPa，内摩擦角(φ)为 13°。

3.6　滑带的中尺寸直剪试验

3.6.1　试验原理与试验仪器

含角砾和碎石的滑带直剪试验，也称为中型直接剪切试验，是土力学常规试验之一。与普通土的小尺寸直剪试验原理大体相同，但其试样颗粒的粒径和试验仪器尺寸相对较大。将碎石土按照一定的密度制备试样，再将其装入由上下剪切盒组成的刚性剪切盒之中，在一定的垂直应力条件下进行压缩固结。当试样的垂直压缩量稳定在 0.01mm/h时，保持垂直压力不变，在水平方向施加推力，使下剪切盒发生位移，上下剪切盒相对移动，土体承受剪应力，直至发生剪切破坏。该垂直应力下的最大峰值强度即为抗剪强度。

由于碎石土具有特殊的结构特征，如粗粒(碎石)与土之间的分布比例、碎石含量、胶结形式、碎石的粒径大小、排列方式、密实程度等，故其力学特征与单纯的土体结构存在较大的差异。碎石土的抗剪强度不仅取决于单个颗粒的强度，大颗粒之间的相互摩擦、黏结和咬合等往往起到决定性作用。

直剪试验中常用的试样尺寸如表 3-9 所示。与大尺寸试样相比，小尺寸试样饱和固结快剪的黏聚力小，内摩擦角大。当正压力较大时，小尺寸剪切试验会高估土体的抗剪强度；当正压力较小时，小尺寸剪切试验会低估土体的抗剪强度；当试件大于中尺寸时，抗剪强度平均值和标准差较稳定。小尺寸试样的强度平均值不能代表中尺寸、大尺寸试样的强度，中尺寸和大尺寸试样的强度用于计算分析中代表性更好。

表 3-9	直剪试验中常用试样尺寸统计		
尺寸类别	小尺寸	中尺寸	大尺寸
大小(mm)	$D = 61.8$	150×150	500×500

由于试验所采用的滑带中碎石含量约 49.59%，最大碎石粒径约 20cm，所以其抗

剪强度受尺寸效应的影响较大。一方面,在碎石土发生剪切破坏时,粗粒在土体中发生滑动或滚动等相对位移,若试样尺寸较小,则剪切盒会对试样的剪切破坏产生约束作用,使结果误差增大;另一方面,由于碎石土的碎石含量较高,如采用常规小尺寸试样进行剪切试验,不同部位碎石含量的差异和不均匀性将导致各组数据的极端性差异,结果不具备代表性。综合考虑上述因素,采用改进的自动控制中尺寸剪切仪,其剪切盒尺寸为 150mm×150mm×150mm。

本试验所用直剪仪为长春市朝阳仪器有限公司制造的 TAWJ-100(B)自动控制剪切仪。该仪器主要由剪切仪、数据采集系统和位移传感器三个部分组成,具体结构如图 3-5 所示。

图 3-5　TAWJ-100(B)自动控制中尺寸直剪仪

仪器的主要技术参数如下:

1)试样尺寸:150mm×150mm×150mm。

2)最大垂直荷载:100kN(垂直应力 0～4.4MPa),最大水平推力:100kN(剪应力 0～4.4MPa)。

3)位移传感器:量程 0～20mm,精度:0.001mm。

4)压力传感器:0～100kN,精度:0.05%FS。

3.6.2　试样制备与试验方案

本试验选用的含碎石滑带,细粒土主要为粉质黏土,碎石岩性主要为中、强风化的泥岩和泥灰岩,天然含水率为 14%。制备不同粒径组成的重塑试样共 12 组进行中型直剪试验,按碎石含量不同,将试验分为 A、B、C、D 四组,A 组试样粒径均<2mm,B 组试样粒径<5mm,C 组试样粒径<10mm,D 组试样粒径<20mm。试样尺寸为 150mm×150mm×150mm,各组试样土粒径配比与原状样相同,转换成质量碎石含量来描述的话,重塑样 A、B、C、D 的碎石含量分别为 0%、23.268%、33.158%、58.548%。具体粒径分组如表 3-10 所示。

表 3-10 　　　　　　　　　　　　　　直剪试验方案

试样名称		重塑样 A			重塑样 B			重塑样 C			重塑样 D		
不同粒径范围内碎石的质量(g)	<2mm	7593.75g			5826.79g			5075.89g			4482.216g		
	2~5mm	—			1766.96g			1539.25g			1359.22g		
	5~10mm	—			—			978.61g			864.152g		
	10~20mm	—			—			—			888.163g		
碎石含量(质量百分比)		0%			23.268%			33.158%			58.548%		
试样编号		A-1	A-2	A-3	B-1	B-2	B-3	C-1	C-2	C-3	D-1	D-2	D-3
固结压力(kPa)		100	200	300	100	200	300	100	200	300	100	200	300

具体试样制备过程如下:

(1)准备工作

1)烘干。将所采集的碎石滑带试样放入烘箱,在 105℃温度下烘干 24h。

2)颗粒筛分。将烘干后的试样碾碎,进行筛分,分别过 20mm、10mm、5mm 和 2mm 筛,剔除大于 20mm 的大块碎石,将不同粒径区间的碎石及土分别盛放,密封保存。

3)配制含水率。将处理好的试样按照设计级配进行混合,配制含水率。将土、石和水充分搅拌均匀后,使用保鲜膜密封,在室内阴凉处放置 24h。

(2)试样制备过程

1)按照试验方案,计算出所需密度,剪切盒尺寸所需试样质量,称取相应质量的试样待用。

2)使用 150mm×150mm×150mm 大小的制样盒(制样盒侧面及底边可拆卸),将盒下部和四周涂抹凡士林,将称好待用的试样平均分为五等份,分层放入制样盒中。

3)将试样逐层进行人工击实,确保四壁均到达制样盒指定高度。之后,将土层表面刮毛。这一步的目的是为了使其与上部土体充分接触,减少分层现象的出现。

4)将制好的样从制样盒中小心取出,称重,确保误差在 5g 以内。用保鲜膜密封等待试验。

5)装样。使用凡士林涂抹于上、下剪切盒的四壁和下剪切盒的底面,将制好的试样装入下剪切盒中,在下剪切盒上部的凹槽内放入滚动滑轮,依次装好上剪切盒。将装好试样的剪切盒放置在下剪切盒位移滑动板的适当位置,盖上传力板。推动下剪切盒位移滑动板并调节剪切盒的位置,使剪切盒置于垂直加压活塞的中心位置。

6)软、硬件准备工作。打开剪切仪操作软件、垂直及剪切控制系统、油压泵电源和油压泵冷却水管开水阀。操作软件中选择剪切试验,联机后录入试验参数并保存,包括试件编号、试件形状及试件尺寸等。

7)安装位移传感器。在剪切盒外部依次安装垂直及水平位移传感器。安装时要注意传感器的伸缩方向,以防传感器失效或损坏。

8)试样预接触。在操作软件中依次调节轴控制和剪围控制参数设置,其目的是为了使垂直和水平向加压活塞与上部和侧部的传力板缓慢接触,接触应力应不大于10kPa。

9)轴向加压。将压力和位移传感器数值清零,施加设计的轴压。操作软件中设置轴控制参数,设置通道为位移控制,采用力值监控。试样固结稳定的垂直变形值为0.01mm/h。

10)施加剪应力。固结完成后开始施加剪应力,在保持轴压不变的情况下,按照应变控制的方式施加剪应力。剪切速率为0.12mm/min,目标为20mm。

11)试验完成后,将轴向及水平向压力归零,加压活塞恢复初始位置并将压力和位移传感器归零,关闭各处电源。

12)将剪切盒从剪切仪上取出,试样完整卸出。保证剪切带始终处于居中位置,将试样削成100mm×100mm×100mm的立方体,以便在CT仪内进行扫描分析。

13)改变轴向荷载,重复上述步骤,完成不同荷载下的剪切试验。本试验中采用的轴向荷载分别为100kPa、200kPa、300kPa。

直剪试验获得以碎石含量和轴向应力为变量条件下试样的剪切破坏形态、峰值强度或残余强度以及剪应力随剪切位移变化的关系。根据《土工试验规程》(GB/T 50123)的要求,取剪应力—剪切位移关系曲线上的峰值或稳定值为抗剪强度,如无明显峰值,则取剪切位移达到试样边长10%处的剪应力作为抗剪强度,具体成果如表3-11所示。

可以看到各试样的剪切破坏形态。试样的剪切破坏面大多较光滑,剪切面完整,试样均完全剪破。剪切面周边有裂缝发育,剪切带湿润,含水率高。粗粒含量高的试样,其剪切面可见凸起的大颗粒。

轴向应力越大,滑带剪切面平整度越好。轴向应力100kPa作用下,如试样A-1,剪切破坏面的擦痕明显,剪切面上可以看到碎石沿剪切方向的定向排列,在剪切带前缘有碎石富集的现象,剪切带后缘有拉张裂缝出现;轴向应力200kPa作用下,如试样

A-2,剪切破坏面的擦痕较明显,有三处整体的起伏面,剪面平整度较差,试样侧面可以观察到明显的圆弧状土体破坏形态,且裂缝向下部土体延伸,试样的后侧面有一条长约75mm,宽1～2mm的竖向裂缝;轴向应力300kPa作用下,如试样A-3,剪切破坏面的擦痕不明显,其剪切带平整度高,侧面可以观察到其土体破坏形态为圆弧状,剪切带前缘可以观察到其上部土体有裂缝生成,剪切带后缘有向下部土体延伸的挤压裂缝。下部土体的后侧面有两条较为清晰的竖向裂缝,最长的一条几乎贯穿下部土体,深度约2mm(图3-6)。

表 3-11 含碎石滑带重塑样直剪试样结果

试样编号	剪切破坏形态	参数
A-1		$\sigma=100\text{kPa}$ $\tau=231.022\text{kPa}$ (峰值强度)
A-2		$\sigma=200\text{kPa}$ $\tau=234.456\text{kPa}$ (峰值强度)
A-3		$\sigma=300\text{kPa}$ $\tau=252.864\text{kPa}$ (峰值强度)
B-1		$\sigma=100\text{kPa}$ $\tau=130.059\text{kPa}$ (峰值强度)
B-2		$\sigma=200\text{kPa}$ $\tau=210.856\text{kPa}$ (峰值强度)

试样编号	剪切破坏形态	参数
B-3		$\sigma = 300\text{kPa}$ $\tau = 213.953\text{kPa}$ （残余强度）
C-1		$\sigma = 100\text{kPa}$ $\tau = 151.860\text{kPa}$ （残余强度）
C-2		$\sigma = 200\text{kPa}$ $\tau = 248.887\text{kPa}$ （残余强度）
C-3		$\sigma = 300\text{kPa}$ $\tau = 188.787\text{kPa}$ （峰值强度）
D-1		$\sigma = 100\text{kPa}$ $\tau = 103.278\text{kPa}$ （残余强度）
D-2		$\sigma = 200\text{kPa}$ $\tau = 109.252\text{kPa}$ （残余强度）
D-3		$\sigma = 300\text{kPa}$ $\tau = 232.320\text{kPa}$ （残余强度）

A-1 剪切面   A-1 剪切面

A-2 侧视图   A-2 正视图

A-3 正视图   A-3 侧视图

图 3-6　重塑样 A 剪切破坏形态

由各试样的剪应力—剪切位移关系曲线可以知道,试样在不同轴向应力的条件下会出现应变硬化或应变软化的现象,相同轴压下不同粒径的重塑样也表现出不同的应变硬化或应变软化现象。表 3-12 为滑带中尺寸试样的抗剪强度参数。

表 3-12　　　　　　　　　含碎石滑带中尺寸抗剪强度参数表

试样类型	黏聚力 c(kPa)	内摩擦角 φ(°)
重塑样 A	67.700	6.23
重塑样 B	92.396	9.52
重塑样 C	136.250	10.46
重塑样 D	83.992	13.80

3.6.3　试验结果与分析

3.6.3.1　含碎石滑带剪切破坏过程

通过中尺寸剪切试验获得含碎石滑带剪应力随剪切位移变化的曲线,分析试样的剪切破坏演化过程,基本符合图 3-7 所示的曲线。

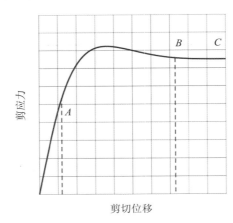

图 3-7　重塑样典型剪应力—剪切位移关系曲线

可以看出,随着剪切位移的增大,剪应力的值逐渐上升,到达峰值后趋于稳定。其剪切变形可以大致分为三个阶段:弹性变形阶段、弹塑性变形阶段和塑性变形阶段。其中,弹性变形阶段持续时间最短,塑形变形阶段持续时间最长。弹性阶段曲线近似为直线,随着含碎石滑带进入到弹塑性变形阶段,曲线的斜率逐渐减小,发生弯曲,具体划分如下:

弹性变形阶段:OA 段为弹性变形阶段,此阶段土体可近似看作为简单的线弹性体,认为试样只发生弹性变形,且土与碎石为整体。

弹塑性变形阶段:AB 段为弹塑性变形阶段,此阶段试样除发生线弹性变形之外,还产生了不可恢复的塑性变形。试样中土和碎石由于强度的差别,土体受到进一步压缩变形,与粗颗粒之间的缝隙逐步加大,进而发生土石滑移分离,逐步连接贯通形成剪切破坏面。

塑性变形阶段:BC 段为塑性变形阶段,此阶段为理想状态,认为此时试样的变形可以将弹性变形予以忽略。反映在图像中,即随着剪切位移的进一步增大,剪应力基本稳定不变,曲线近似水平。此时试样已经被完全剪破,剪切带的土颗粒在水平推力的作用下继续运动。

3.6.3.2　不同垂直压力下剪应力—剪切位移关系曲线

为研究轴压与含碎石滑带抗剪强度的关系,将中型直剪试验结果进行绘图。分析发现,四组重塑样的剪应力—剪切位移关系曲线趋势大体相似,表现为弹性阶段在前期剪切位移发生时短暂存在,随着剪切位移的增大,剪应力与剪切位移之间的线性关系发生变化,曲线开始弯曲,试样发生弹塑性变形,最终试样稳定为塑性变形,试样发生剪切破坏,剪应力表现为保持稳定且有下降趋势。在相同压实密度和含水率条件下,轴压增大时,含碎石滑带的剪应力也开始随之不断增加,即试样的抗剪强度随之增大。

以重塑样 A(图 3-8)为例,不同轴压下的剪应力—剪切位移关系曲线趋势相似,轴压 100kPa、200kPa 和 300kPa 条件下的曲线属于应变软化类型。随着轴压的增大,试样的抗剪强度呈现增加的趋势。在剪切位移较小时,不同轴压下的剪应力相差不大,随着剪切位移的不断增大,三条曲线的剪应力相应增加。其中 300kPa 轴压下的剪应力增幅最大,这是因为由剪切破坏特征可以观察到,此时剪切带状态较湿润,剪切带附近的含水率明显高于试样其他部位土体的含水率,剪切过程中孔隙水压力无法消散。当试样完全剪切破坏时,可以观察到轴压越大,其剪应力越大,即抗剪强度越大。

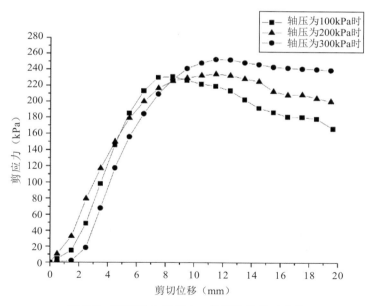

图 3-8　重塑样 A 剪应力—剪切位移关系曲线

对于重塑样 B(图 3-9),在轴压为 100kPa、200kPa 和 300kPa 时,其剪应力—剪切位移关系曲线表现为应变软化型。随着轴压的增大,试样的抗剪强度呈现增加的趋势。轴压为 100kPa 时,重塑样 B 在剪切过程中相对其他较高轴向应力的剪应力要小。轴压 200kPa 条件下,剪切过程中出现峰值强度,且其发生剪切破坏时的抗剪强度在相同剪切位移维度下最大,考虑可能与剪切带的碎石含量较高有关。该组试样结论与重塑样 A 相同,轴压越大,试样遭受的剪应力越大,轴压 300kPa 条件下,试样的抗剪强度最大。

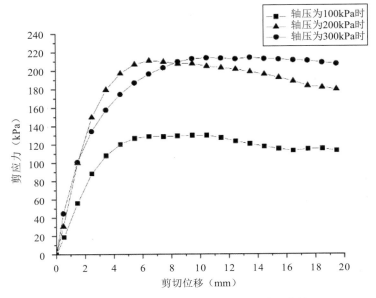

图 3-9　重塑样 B 剪应力—剪切位移关系曲线

3.6.3.3　不同粒径滑带剪应力—剪切位移关系曲线

为研究碎石粒径对滑带抗剪强度的影响,将中型直剪试验结果进行绘图。分析表明,三种不同垂直压力条件下,试样的剪应力—剪切位移关系曲线趋势大体相同。相同压实度和含水率条件下,随着试样中碎石粒径的增大,试样的剪切力不断增加,其抗剪强度随之增强。相同压实度和含水率条件下,随着试样碎石含量(质量百分比)的增大,试样的抗剪强度随之增强。

以轴压为 100kPa 的试验结果为例(图 3-10),粒径<2mm 的重塑样 A 抗剪强度较高,表明在固结排水条件下,常规剔除大颗粒,仅保留<2mm 粒径的试样在直剪试验中并不能准确计算滑带的抗剪强度,通常所得抗剪强度偏高。100kPa 轴压条件下,随着试样的碎石含量和碎石粒径的增加,其抗剪强度越大。其中粒径<20mm 的重塑样 D 残余强度为 232.32kPa,粒径<5mm 的重塑样 B 残余强度最小,为 130.06kPa。

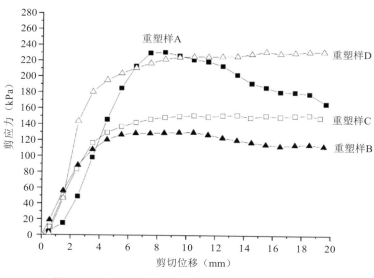

图 3-10　100kPa 轴压下剪应力—剪切位移关系曲线

3.6.3.4　中型直剪试验与常规直剪试验结果对比

　　常规小尺寸直剪试验获得的滑带的抗剪强度参数与中型直剪试验相比有一定的差别。小尺寸的常规直剪试验获得的黏聚力较小,但内摩擦角相对中型直剪试验的要大。产生这一结果,考虑除了试样尺寸过大导致滑带固结时间较长、排水慢的原因外,更大的影响因素则是尺寸效应。尺寸效应的产生,一方面是由于土体的不均匀性致使常规剪切试验获得的数据具有一定的局限性,无法准确反映滑带的抗剪强度特性;另一方面,直剪试验中,剪切盒的纵横比及颗粒粒径与剪切盒长度的关系对试样的剪切强度具有明显的影响。当试样内颗粒的数目增多或剪切盒的纵横比减小时,试样内部的强力链结构将会转变为能量较小的若干个短的力链带,在剪切力的作用下,这些短的力链带相比较强力链结构则更容易发生屈服,土体进而产生剪切破坏,表现出抗剪强度的减小。

3.7　滑带的大尺寸直剪试验

3.7.1　试验原理与试验仪器

　　粗粒土的直接剪切试验,是常规室内试验的一种方法,与中型和小型直接剪切试验相比,原理大致相同,只是试样颗粒粒径大,采用的仪器尺寸大,故亦称为大型直接剪切试验。它是将粗粒土按要求的密度装入由上下盒组成的刚性剪切盒中,在某一垂直压力下进行固结,并保持垂直压力在剪切过程中不变,由小到大逐级施加水平推力,使下盒发生位移,上下盒错开,土体承受剪应力,直至发生剪切破坏,测出在该垂直压应力下的最大剪应力,即抗剪强度。

粗粒土是由大小不同的颗粒组成的,尤其是无黏性的砂砾石、砂卵石、石渣、堆石的颗粒,虽单个颗粒本身强度较高,但粗粒土的抗剪强度不单是决定于单个颗粒的强度,更主要的是决定于颗粒之间的摩擦力和咬合力及少量的黏结力。在剪切破坏的过程中,不是剪坏每个颗粒,而是在颗粒间发生相对位移,即颗粒间发生滑动和滚动。粗粒土颗粒粒径较大,装在刚性盒中,剪切破坏时发生的滑动和滚动,必然受到刚性盒的约束,造成抗剪强度成果失真。要避免这种约束作用,一是要求剪切盒的尺寸与颗粒粒径之间有合理的比例关系,二是要求上下盒之间有一定尺寸的开缝,以保证颗粒在剪切破坏过程中不受剪切盒的约束而能较自由地移动。

由于含碎石滑带作为一种特殊的地质体,其中含有一些大粒径碎石,所以采用传统的直剪试验和三轴试验并不能准确地测出含碎石滑带的抗剪强度。由于这两种试验需要将大于 2mm(对于高为 20mm 的环刀样)或 5mm(对于直径为 50mm 的圆柱样)的碎石筛出才能进行试验,而这样得出的抗剪强度并不能完全反映含碎石滑带的抗剪强度。所以本次研究所采用的大型直剪仪具有尺寸方面的优越性,有效地解决了这个问题。

此次试验研究所采用的试验仪器是天水红山试验机有限公司制造的 1000kN 大型直剪仪。该试验仪器是由六个部分组成,分别是承载机架、剪切盒、垂直加载装置、水平剪切加载装置、液压系统、电脑控制系统和自动采集数据系统。

该机采用微机电液伺服闭环测量控制系统,可以进行等速应力、等速位移控制,在试验过程中控制方式可以平稳切换。测量控制单元技术成熟,运行可靠。试验过程中载荷、位移、变形等数据自动采集,试验曲线由计算机实时显示并自动完成试验数据的处理、存储,可按相关标准打印试验报表。

(1)主机

如图 3-11 所示,主机部分包括活动横梁、四丝杠、机座组成的机架以及安装在机架底部机座上的垂直向伺服加载油缸。转角伺服加载油缸与垂直向伺服加载油缸活塞通过负荷传感器连接的箱型压板,安装在机架机座侧面四角并固定在设备基础上的四根等强度抗剪框架,以及安装在四根等强度抗剪框架中间的水平剪切伺服加载油缸,和设置在机架底部通过球铰装置与剪切伺服加载油缸连接的同步浮动伺服油缸。活动横梁升降的驱动机构安装在机架底部机座上,活动横梁的侧面安装可与等强度抗剪框架连接的八只锁紧油缸,其目的在于将转角试验和水平剪切试验所产生的水平力矩传递给抗剪框架,提高机架的抗弯刚度,保证整机系统的稳定。

（2）伺服液压系统

伺服液压系统包括伺服油源、油分配器及管路。伺服油源最大流量100L/min，最大压力32MPa，电机功率45kW，油箱容积约900L，液压系统采用吸油过滤（粗滤）和双级精密过滤，保证液压油清洁度和电液伺服阀工作性能。液压油采用风冷式油冷却器进行冷却。伺服液压源、油分配器以及各载荷油缸均采用高压软管连接。

（3）电液伺服控制系统，采用微机电液伺服闭环控制方式，试验力、位移等参数均通过计算机进行设定，试验数据由计算机和采集单元进行采集。试件竖向变形测量采用4只高精度光栅尺（压缩变形）和4只数显千分表（转角变形），水平向变形（剪切变形）测量采用2只高精度光栅尺。计算机可绘制力—变形、力—时间、变形—时间三种曲线，可按有关标准要求进行试验数据处理、打印试验报告，试验数据可以保存为Excel格式供后续处理。

该试验仪器可进行大尺寸试样的直接剪切试验，试样尺寸为500mm×500mm×400mm，即试样的长和宽均为500mm，高为400mm，试样中土体的最大粒径可以达到80mm左右。该大型直剪仪可进行两种控制方式的直剪试验，分别可以采用应力控制和应变控制两种控制方式。竖向压力最大可达150kN，上剪切盒和下剪切盒可分别进行控制，可进行固定上剪切盒只让下剪切盒移动，或者固定下剪切盒只让上剪切盒移动，或者上剪切盒与下剪切盒同时剪切运动这三种剪切方式。剪切速度也可以精确控制，最慢可达0.01mm/min，最快可达100mm/min。该试验仪器安装在中国地质大学秭归实习基地试验楼的一楼试验大厅内，该仪器配备有冷却系统，可以有效降低试验仪器内的油温，使该试验仪器能够长时间地正常工作。

图3-11 大型粗粒土直剪仪

3.7.2　试样制备与试验方案

3.7.2.1　试样制备

对于土石混合体的大型直剪试验,传统的制样方法是控制试样的干密度,然后确定工况条件,选择在该工况条件下合理的含水率。但是这种方法具有局限性,它更适合于细粒土的试验,而对于土石混合体这种特殊的地质体来说并不合适。由于土石混合体中含有碎石,就很难确保每一个试样的细粒组是在一个同样的密实度之下,甚至在颗粒的级配不合理的时候会出现无法达到所要控制的干密度。所以此次试验研究所采用的制样方法为静压法,将全部的试验试样都在同样的竖向压力 400kPa 之下制得。

首先将黄土坡滑坡取得的滑带碎成小块,在太阳下风干,然后碾碎过筛,分成粗粒组和细粒组两个部分。然后将处理好的试样按照设计的比例加水,将水均匀地洒在试样上,充分地搅拌混合。然后用塑料布密封,在室内阴凉处放置 24h。试样制备如图 3-12所示。

图 3-12　试样制备

3.7.2.2　试样含水率的确定

对于土石混合体来说,用不同土石混合比风干土来配成相同含水率的试样存在很大困难。对于含细粒多的试样,比表面积大,其吸水量必定要大一些;反之,含细粒少的试样,比表面积小,其吸收的水量也必定少。若按总质量给定含水率,不同组的试样中细粒的含水率可能差异很大。含细粒多的试样含水率低,含细粒少的试样含水率高,不利于平行试验。因此粗颗粒的含水率按 5% 配制;细粒部分按滑带的天然含水率配制。

3.7.2.3 试验步骤

将称好的试样拌匀后分为 5 层装入剪切盒内,每一层要按照设计要求击实到所需高度,将每一层的表面进行刮毛处理,之后再填下一层,将剪切盒填满之后整平表面,盖上盖板。

打开操作软件、仪器电源及冷却水电源,控制仪器,将上剪切控制以及下剪切控制的位移调到零,待它们位移归零之后,将仪器的轴向力传感器、上剪切力传感器以及下剪切力传感器归零。

卸下剪切盒插销,调整上加压板以及剪切盒的位置,将剪切盒推入指定位置。

调整系统压力,控制上加压板缓慢下降,并及时调整上加压板位置,使上加压板与剪切盒盖板上下左右均对齐,直至上加压板与剪切盒上盖板接触。

调整系统压力至 100kN(即 400kPa),竖向加压使试样固结,直至固结稳定。

用下剪切控制进行试验,本次试验研究采用位移控制,剪切速率为 0.5mm/min。

实验结束后,将轴向控制、上剪切控制、下剪切控制位移归零。调整系统压力至 0kN,并关闭电源。

拉出剪切盒,将试样卸下,将剪切盒清理干净。在试样的剪切面附近取样,测量滑带剪切试验之后的试样含水率以及试样的颗粒级配。

3.7.2.4 试验数据处理

通过大型直剪试验,得到的是剪切应力、竖向应力随着剪切位移变化的规律。将剪切位移作为 x 轴,剪切应力作为 y 轴,可以画出各种竖向压应力之下剪切应力随着剪切位移变化的关系曲线。取曲线的峰值应力为抗剪强度。假如该曲线并没有明显的峰值剪切应力,可把剪切位移到达试样边长的 1/10 处的剪切应力作为该压力之下的破坏剪切应力。绘制出剪切应力随着竖向压应力变化的关系曲线,从而求得抗剪强度参数。

3.7.3 试验结果与分析

3.7.3.1 含碎石滑带抗剪强度

采用大型粗粒土直剪仪开展了不同碎石含量下的滑带在天然含水率下的剪切试验。根据所取滑带中碎石含量,此次试验将碎石含量分别配制成 10%、20%、30%、40%,典型试验结果如图 3-13 所示。可知,随着碎石含量的增加,滑带的抗剪强度有所提高(表 3-13)。

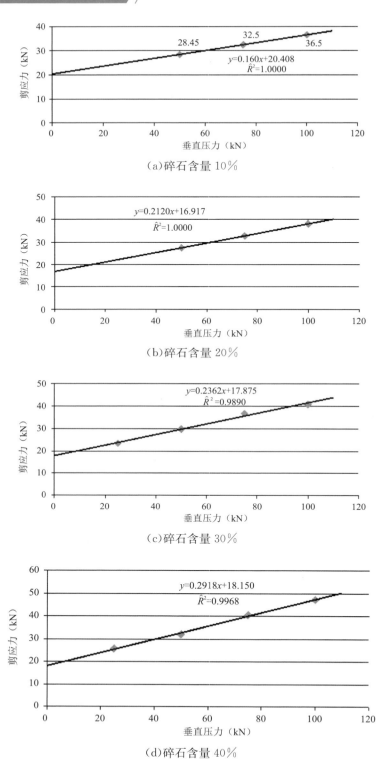

(a)碎石含量 10％

(b)碎石含量 20％

(c)碎石含量 30％

(d)碎石含量 40％

图 3-13 不同碎石含量时剪应力—垂直压力关系曲线

表3-13 　　　　　　　　不同碎石含量下滑带的抗剪强度参数

碎石含量(%)	c(kPa)	φ(°)
10	81.6	9.15
20	67.7	11.98
30	71.5	13.29
40	72.6	16.23

3.7.3.2　碎石含量与黏聚力的关系

通过此次大型粗粒土直剪试验,可以得出含碎石滑带的黏聚力和碎石含量没有明显的规律,只是在一定的范围内波动。碎石含量为20%、30%、40%时,黏聚力c值会随着碎石含量的增加而有增加的趋势。但碎石含量为10%时,黏聚力c值要比碎石含量为20%、30%、40%时还要高,说明碎石含量对抗剪强度的影响有一个阈值。一般来说,粗粒土的抗剪强度主要是由内摩擦角(φ值)来决定的。因此,黏聚力基本上没有明显的变化趋势。此次试验的结果也验证了这种说法,含碎石滑带的黏聚力c值随着碎石含量的变化较小,而此次试验研究所使用的试验仪器相对较大,试验误差和碎石空间分布差异在所难免,可能达不到可以反映含碎石滑带的黏聚力随着碎石含量变化的精度。另外,尺寸效应、上下剪切盒的摩擦等因素也是影响黏聚力的重要因素。

3.7.3.3　碎石含量与内摩擦角的关系

通过此次大型粗粒土直剪试验,可以得出内摩擦角随着碎石含量变化的规律很明显,即随着碎石含量的提高,滑带的内摩擦角也有所提高,而且提高是呈线性递增的。对不同碎石含量滑带内摩擦角的试验数据进行线性拟合,结果如图3-14所示。

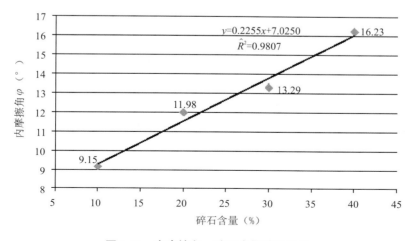

图3-14　内摩擦角—碎石含量关系曲线

对于粗粒土来说,其抗剪强度主要是由内摩擦角来决定的。随着碎石含量的变化,内摩擦角变化相比于黏聚力变化,规律要明显得多。随着滑带中碎石含量的增加,内摩擦角呈线性提高。由于试验试样的限制,此次大型粗粒土直剪试验的碎石含量分别为 10%、20%、30%、40%,碎石含量中等偏下。所以随着碎石含量的提高,滑带内摩擦角呈线性缓慢提高的规律仅能反映较低碎石含量时碎石含量与内摩擦角 φ 的关系,而整个碎石含量(0%~100%)区间下,其与内摩擦角的关系还有待进一步研究。

含碎石滑带的抗剪强度取决于颗粒之间的摩擦力,而此次试验研究过程当中所采用的碎石含量是较低的,试样都处于"土包石"结构,即试样中的碎石被细粒土所包裹,试样的强度主要取决于细颗粒与细颗粒之间的黏结和摩擦,而随着碎石含量的增加,碎石在剪切变形过程当中起到更大的阻碍作用。

3.7.3.4 粗粒含量与抗剪强度的关系

粗粒土的强度可以分成三个组成部分,分别是细粒组的强度、粗粒组的强度、粗粒和细粒之间的强度。粗粒土的强度随着碎石含量的变化大致分为三个阶段,具体是:①当粗粒含量占整个粗粒土中的比重很低时,即粗粒含量只占总含量的 30% 以下时,随着粗粒土中的碎石含量的提高,粗粒土的抗剪强度会缓慢增大,但是在这个阶段中粗粒土的强度还是大体上由其中的细粒组强度决定;②当粗粒土中的粗粒含量大于30%但小于 70%时,这个阶段的强度提升最为明显,在这个阶段粗粒土的强度会显著地提高;③当粗粒含量超过总含量的 70% 之后,粗粒土的粗粒骨架已经形成,骨架之中的空隙已经不能有细颗粒来填充满了,所以在这个阶段粗粒土的抗剪强度就无法增大,此时粗颗粒之间的强度(即颗粒之间的摩擦和咬合作用)决定了整个土体的强度。

由于此次粗粒土大型直剪试验的研究对象是黄土坡滑坡滑带,其中碎石含量不高。本次试验研究分别做了 10%、20%、30%、40% 四种碎石含量下抗剪强度的试验,所采用的粗粒含量都偏低。此次研究仅相当于只研究了粗粒土抗剪强度在碎石含量变化的第一个阶段:含碎石滑带的抗剪强度指标 φ 值随着碎石含量的提高而呈线性缓慢升高。

3.7.3.5 试验误差分析

尺寸效应会使试样的抗剪强度随着试样尺寸的增大而降低,黏聚力会随着试样尺寸的增大而提高,而内摩擦角会随着试样尺寸的增大而降低。此次试验研究虽然和大多数学者认为的尺寸效应现象相吻合,但是本着追求科学事实的精神,下面分析一下影响试验结果的因素。

(1)由于试样尺寸的增大,制样的难度提高了。对于一个尺寸 500mm×500mm×400mm、重达 200 余 kg 的含碎石滑带来说,想要将它均匀地击实是非常困难的。在试验的过程中,发现由于剪切盒是方形的,就导致剪切盒四个角的土样很难击实。而且击实试样所用的重锤截面是圆形的,就导致在剪切盒的四周存在击实的死角,所以试验所制得的试样就难免会不均匀,难免存在缺陷,从而导致了强度的下降。而且采用这种人工击实的做法很难保证每次制样具有一个相同的密实度。

(2)剪切缝过大,导致强度降低。粗粒土中的粗颗粒在试验的过程当中,颗粒的位置随着加载过程不断地调整,颗粒间发生摩擦错动。在直剪试验中,给了试样确定的剪切面,而且试样处于刚性的约束下,试样中的颗粒要想调整比较困难,导致所测得的抗剪强度偏高。为了解决这个问题,在粗粒土直剪试验仪器的上下剪切盒之间要预留一条剪切缝。但是开缝的大小对试样的抗剪强度是有较大的影响,开缝过大,试样容易从剪切缝当中被挤出来;开缝过小,会导致约束过大,影响试验结果。此次试验研究所使用的大型粗粒土直剪仪所设置的剪切缝大小为5mm,对于黄土坡滑坡滑带来说,剪切缝偏大。此次试验所制得的试样的碎石含量偏低,试验过程中也出现过试样被挤出的现象,所以剪切缝过大也导致了抗剪强度的下降。

(3)由于试验仪器以及研究时间的限制,本次试验采用的是固结快剪。剪切速率较快,使试样的抗剪强度偏高。根据不同垂直压力下的抗剪强度得到抗剪强度参数,得到的 c 值偏高,φ 值偏低。由于试验仪器的设计问题,在剪切盒的底面没有设置排水孔,就导致在整个试验过程当中,水都往中间的剪切缝流动,在试验过程中可以看到水从剪切缝流出,这就导致试验过程中,试样的剪切面上的含水率偏低,从而也降低了试样的抗剪强度。

第4章　碎石性状对滑带抗剪强度的影响试验

4.1　CT扫描试验

4.1.1　试验仪器及试样制备

（1）试验仪器

CT扫描试验所采用的CT扫描仪为美国通用电气公司的菲尼克斯工业CT（phoenix v|tome|x s），如图4-1所示。它是多功能的高分辨率系统，主要用于二维X射线检测和三维计算机断层扫描以及三维测量。仪器装备了240kV/320W的微焦点管，达到了高度的灵活性，细节检测能力高达$1\mu m$，该系统是一个非常有效且可靠的工具，可广泛应用于对低吸收材料的极高分辨率扫描以及对高吸收物体的三维分析。

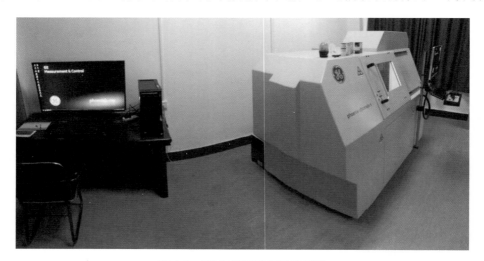

图4-1　CT扫描和数据采集系统

（2）CT原理

CT扫描利用X射线、γ射线、超声波等，与灵敏度极高的探测仪相结合进行断层扫描。该过程射线的传播服从光的吸收定律Beer-Lambert定律：一束单色光照射一吸收介质表面,通过一定厚度介质后,由于介质吸收了一部分光能,透射光的强度就要减弱。吸收介质的浓度越大,厚度越厚,光强度减弱越显著。其关系式为:

$$A = -\lg\left(\frac{I}{I_0}\right) = K \cdot l \cdot c \tag{4.1}$$

$$T = \frac{I}{I_0} = 10^{-\int_0^l \mu(z)\mathrm{d}z} = 10^{-\mu l} \tag{4.2}$$

式中:A 为物体的吸光率;K 为吸收率(对于某种均匀的物质,K 为常数);l 为介质厚度;c 为吸光物质浓度(对均匀物体,c 为常数);μ 为衰减系数,且衰减系数与吸收率之间呈线性关系。

CT 扫描仪首先发射一定能量的 X 射线束,使其穿透样品,并通过另一侧的接收器检测衰减后的投影信号,最后将其数据发送到计算机上。通过被扫描物体的自身旋转和改变 X 射线穿透的位置,可以获取一组投影数据。之后,使用重建算法计算出被扫描物体内各点的 μ(即线性衰减系数),并用灰度图像的灰度值进行表示。根据样品不同组分的线性吸收系数的差异,可以对试样内部结构进行识别并还原。一般情况下,由于发出射线的类型、强度、探测器和工作方式等的差异,不同类型 CT 的空间分辨率、密度分辨率和适用范围等也存在着很大的差异。

(3)试样制备

为了进一步了解试样剪切破坏后的破坏情况和碎石排列及空间分布情况,对剪切后的试样进行 CT 扫描。中型直剪试样的尺寸为 150mm×150mm×150mm,由于试验仪器的局限性,该尺寸的试样扫描时,射线不能完全穿透,所得的图像不够清晰,分辨率较低,无法进行后续分析对比。以剪切面为轴面,剪切面中心为立方体中心,将剪切后的试样削成 100mm×100mm×100mm 的尺寸,使用保鲜膜密封后用于 CT 扫描(图 4-2)。

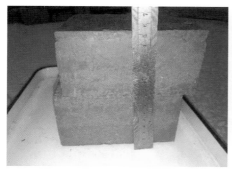

图 4-2　试样处理前后

4.1.2 CT 扫描及图像重建

（1）试验步骤

为了更加生动直观地了解试样内部的土石分布情况，取剪切后的试样进行 CT 扫描。CT 扫描试样方案如下：

1）仪器准备工作。检查设备，连通电源。打开仪器开关，将载物台固定在旋转支架上。

2）将剪坏的试样削成适当大小放入载物台，并用胶带粘好，以防止试验中发生移动。

3）调整试样与放射源的距离和高度，确保试样所有部位均能投射到接收板上。

4）关闭仪器窗口，开始设置扫描参数，进行扫描。

5）扫描结束，关闭仪器，将试样从仪器中拿出，数据传入计算机，进行后处理。

（2）参数设置

由于试样尺寸较大，本次试验光子能量设置为仪器最大值 240kV，分辨率为 $37.8\mu m$。

（3）图像重建

每个试样进行 CT 扫描，约可以获得 3600 张图像，扫描后未经处理的原始图像为描述各像素点的灰度图像，图像灰暗且显示效果差，不利于后续的图像分析。为了能够得到内部碎石的分布情况，对 CT 扫描获得的灰度图像进行处理重建。

图像重建利用菲尼克斯工业 CT 配套的 phoenix datos|x CT 软件，该软件可以用于 CT 扫描的全自动数据采集和批量处理。软件具有界面清楚易用、运行低耗时且高效率、批量数据采集及图像处理和易于操作的特点。

datos|x 重建程序使用高度优化的 Feldkamp 算法，该算法是经典的三维锥束重建方法，即将点源与接收器平面形成的锥形束分解成许多拥有同一放射源点的扇形，然后根据每个扇形与锥形之前的几何关系做分层的扇形重建。在重建过程中，由于高吸收性物体的存在或 X 射线束预滤波不充分都会产生光束硬化伪影，当这种情况发生时，均匀物体的外围看起来比内部区域更亮，为此采取光束硬化校正为这些效应提供了补偿，统一设置光束硬化校正值为 7，采用自动重建功能将分段的部分自动合并为整体模型，完成图像重建（图 4-3）。

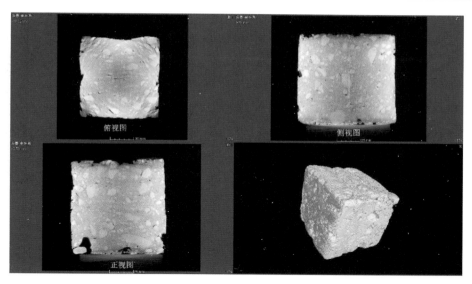

图 4-3 CT 扫描重建图像

4.1.3 CT 图像处理

重建后的图像以 .vgl 格式的文件保存,之后使用 VGSTUDIO MAX 软件对 CT 图像和重建模型进行后续处理。首先,通过调节图像的灰度对比度来增强图像和模型的清晰度。简单调节图像灰度对比度后,碎石在滑带中肉眼可以轻易分辨,图中白色区域代表试样内部的高密度区域,不同深浅的灰白色区域代表碎石和土,黑色区域代表试样四周的空气与试样内部的孔隙和裂隙。为了更加准确地描述试样中碎石的形状及分布情况,将重建的三维立体模型进行切割,仅保留试样尺寸大小接近的立方体为研究区域。进一步运用 VGSTUDIO MAX 软件对试样切片图像进行碎石识别时发现,该阈值分割方法并不能准确识别碎石边界,误差大,因此需要对 CT 重建图片进行后处理。

在剪切面上下每隔 5mm 处的切片图像进行进一步处理。将与剪切面平行的平面定义为 xy 平面,将重建图像的下部边缘定义为 $z=0$ 平面,得剪切面为 $z=50mm$ 处的切片图像(图 4-4)。由于 CT 扫描仪器的限制,制备好的完整滑带试样在该仪器中不能被完整扫描,故不能获得试样剪切破坏前的内部碎石分布。由于重塑样在制样时碎石的分布是随机的,且剪切破坏发生时仅是剪切带及其周边的颗粒分布发生变化,即试样中颗粒的位移变化总是靠近剪切带的颗粒剪切位移较大,远离剪切带的颗粒剪切位移较小,足够远时可以近似看作无位移。故使用距离剪切带较远的上部边缘部分 CT 扫描切片作为剪切前的碎石分布状况与剪切后剪切面的切片图像进行对比分析。

（a）含碎石滑带切片影像　　　　　　（b）试样三维立体图

图 4-4　含碎石滑带切片及三维立体图

CT 扫描图像的后处理选用 Matlab 软件，该软件集科学计算、建模仿真和图形化显示于一身，在线性代数、矩阵分析、数值及优化、数理统计和随机信号分析、数字信号处理、通信系统、数字图像处理、视频处理等众多领域的理论研究和工程设计中得到非常广泛的应用，并已成为科学研究、工程技术等众多领域可信赖的科学计算环境和标准仿真平台。

Matlab 软件中，将一幅图像定义为一个二维函数 $f(x,y)$，其中的 x 和 y 是空间（平面）坐标，在任何坐标 (x,y) 处的幅度 f 被称为图像在这一位置的亮度。由于 CT 扫描得出模型中心部位清晰度不够，且图片中的灰度级种类大于三种，统一的全局阈值分割方法的处理结果并不理想，不能很好地识别切片图像中所有的碎石边界，故本次图片处理方法采用局部阈值处理方法。局部阈值处理方法在处理两种以上灰度级的图像时具有显著优势，相对全局阈值分割更为精细和智能。阈值分割的基本原理见公式（4.3），假设图像的灰度直方图对应于图像 $f(x,y)$，该图像由暗色背景上 T_1 的较亮物体组成，选择合适的阈值 T_1、T_2，然后，如果 $f(x,y) \leqslant T_1$，则多阈值处理把点 (x,y) 分类属于背景点；如果 $T_1 < f(x,y) \leqslant T_2$，则分为一个物体；如果 $f(x,y) > T_2$，则分为另一个物体。a、b、c 为任意三个不同的灰度值。

$$g(x,y) = \begin{cases} a & f(x,y) > T_2 \\ b & T_1 < f(x,y) \leqslant T_2 \\ c & f(x,y) \leqslant T_1 \end{cases} \tag{4.3}$$

使用 Matlab 软件的图像处理主要分为以下四个步骤：

（1）图片前处理。首先，将彩色图像进行灰度转化；其次，使用 adapthisteq() 函数进行灰度直方图均衡；最后，得到效果较好的灰度图像。

（2）图像降噪处理。首先，在对灰度图片进行非线性灰度转换后，对图像进行低频滤波,获得图像 $f1$;其次,对图像中的碎石进行边缘提取,获取图像 $f2$;最后,将 $f1$ 和 $f2$ 图像进行叠加,获取碎石部分增强的图像。

(3)灰度阈值分割。首先,将灰度图像分为三个图层,使用局部阈值分割方法对孔隙、土和碎石进行分割,并置于不同图层中;最后,将三个不同图层的区域使用不同的颜色进行区分,获得伪彩色增强后的图像。

(4)碎石标记及统计。首先,将代表碎石的图层提取出来,使用 bwboundaries( ) 函数选中图像中的碎石边界;其次,通过 bwlabe( )函数对碎石依次进行标记;最后,使用 regionprops( )函数统计被标记的碎石的面积分布、长轴长度及方向、拉张裂缝等数据。对 A、B、C、D 四种不同粒径的重塑样剪切面上的图像进行处理,处理结果如图 4-5所示。

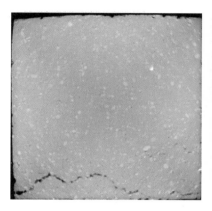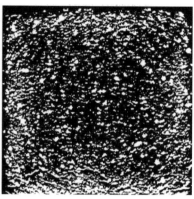

(a)重塑样 A

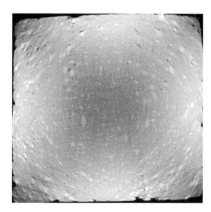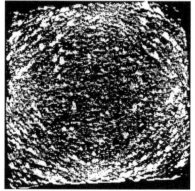

(b)重塑样 B

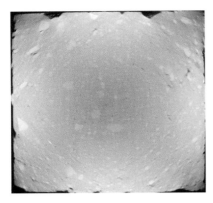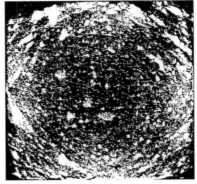

(c)重塑样 C

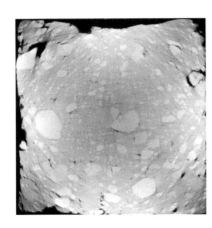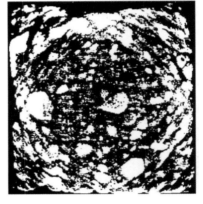

(d)重塑样 D

图 4-5　Matlab 处理前后图像对比

4.2　基于 CT 扫描的含碎石滑带剪切破坏特征

根据剪切破坏后的试样断面照片,可以清晰地看到不同粒径条件下含碎石滑带的剪切破坏特征,但描述与分析也仅限于定性分析,为了可以对含碎石滑带的剪破行为进行定量分析,将 CT 扫描获得的图像进行后处理得到具体碎石信息,运用形态学分析其碎石分布规律,研究其对滑带抗剪强度的影响。

4.2.1　剪切带碎石形态统计

Matlab 软件中,regionprops()函数所统计的有关面积和长度等基本信息均为像素的表达,所以需要对数据进行进一步处理,将像素值转化为实际面积长度。

以重塑样 D 的剪切面图像为例,首先,确定该图像的分辨率 I,$I = 37.795$ 像素/cm,即 1cm 的长度可以用 37.795 个像素来表示;其次,根据 CT 扫描图像已有的比例尺与图像分辨率换算出的长度进行比例换算,换算系数 N 为 0.311;最后,根据公式(4.4)计算出像素与实际长度之间的换算比例系数 K,即像素与实际长度的换算系数 K 等于比例尺图像分辨率的换算系数 N 与分辨率 I 的比值,对于重塑样 D,$K = 0.00823$。则碎石面积及周长的像素换算关系见公式(4.5),得出碎石的真实面积和长、短轴数据。

$$K = N/I \qquad (4.4)$$

$$\begin{cases} A = K^2 \cdot A' \\ L = K \cdot L' \end{cases} \qquad (4.5)$$

式中:A 为碎石的真实面积;A' 为碎石面积所占像素数;L 为实际长度;L' 为 L 长度下的像素数。

使用上述方法,将重塑样 B、C、D 剪切面上的碎石形态统计信息进行归纳整理,如表 4-1 所示。

表 4-1   **剪切面碎石性状统计表**

试样编号			重塑样 B	重塑样 C	重塑样 D
碎石个数			995	995	4639
面积	碎石总面积(cm²)		19.02	21.48	50.56
	最大碎石面积(cm²)		4.4	5.07	7.09
	碎石面积百分比		19.67%	22.2%	41.41%
长轴	长度区间(cm)	<0.2	808	864	4300
		0.2~0.5	187	102	242
		0.5~1	—	29	44
		1~2	—	—	23
	与 X 轴夹角(°)	0~45	55	79	97
		45~90	703	655	590
		90~135	174	170	158
		135~180	63	91	150

4.2.2 剪切带碎石形态学分析

根据统计结果可以发现,剪切面的碎石统计包括碎石面积、长轴长度、短轴长度、长轴与 X 轴夹角、碎石周长等。通过进一步的分析来描述剪切带碎石的形态。

（1）剪切带碎石面积分析

试样受到剪应力时，由于剪切盒的设置要求，滑带仅在剪切带附近产生剪切位移，发生剪切破坏。故其剪切带碎石含量的多少在一定程度上对该试样的抗剪强度的大小具有决定性作用。统计剪切带的碎石含量进行对比分析，可以研究其对试样抗剪强度的影响。剪切带上的碎石面积直观地反映了剪切带上的碎石含量，取剪切面及剪切面上、下5mm处的切片图像，统计其碎石面积百分比，三者取平均数来近似代替剪切带的碎石含量，以此分析剪切带碎石含量的分布特征(图4-6)。

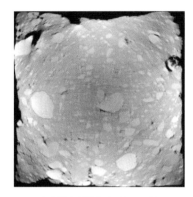 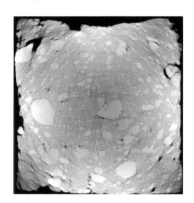

（a）剪切面向上5mm处　　　　　　　　　（b）剪切面处

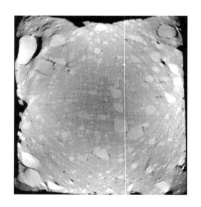

（c）剪切面向下5mm处

图4-6　剪切带碎石统计

将碎石颗粒所占面积在整个研究区域面积中的比例定义为面碎石含量。计算可知，三种粒径分布的重塑样的面碎石含量分别为19.67%、22.2%和41.41%，再次对剪切面上、下5mm处的切面图像进行碎石识别及面积统计，取得三种重塑样在剪切带上的近似碎石含量分别为19.53%、25.81%、43.02%。由于三种粒径不同的重塑样其碎石含量（质量百分比）分别为26.27%、33.16%、58.55%，剪切面上的面碎石含量与之相比均偏小（表4-2）。分析考虑,造成这一结果主要有两个原因:一方面,碎石在试样中的分布是随机的,其剪切面的碎石含量的多少在一定程度上对该试样的抗剪强度的大小影响显著,分析显示剪切面上的碎石含量较整体试样的碎石含量小,故试验获取该试样的抗剪强度较真实值偏小;另一方面,面碎石含量与上文所述碎石含量的计算有一定的差别,一种是以面积(体积)为计算对象,而另一种则是用重量,二者计算存在一定的差异。

表 4-2   剪切带碎石含量统计表

试样类别		重塑样 B	重塑样 C	重塑样 D
面碎石含量	剪切面向上 5mm 处	16.03%	27.66%	45.47%
	剪切面处	19.67%	22.2%	41.41%
	剪切面向下 5mm 处	22.89%	27.58%	42.18%
	平均值	19.53%	25.81%	43.02%
质量碎石含量		26.27%	33.16%	58.55%

（2）碎石定向性分析

碎石的定向性是影响滑带工程性质的一个重要因素,碎石的定向排列不仅可以影响滑带的渗透性,对其抗剪强度也具有重要的影响。分析碎石的定向分布,不仅可以研究滑带的历史应力变化,还可以将其作为滑带抗剪强度参数的影响因子。

对于碎石的定向性分析,一般来说,对于碎石颗粒定向性的统计方法有定向玫瑰图、各向异性率、定向分布函数、定向分布直方图及平均定向方向等方法。现利用统计出来的长轴、短轴长度、碎石周长、长轴方向角等数据,计算图像的各向异性率并绘制碎石长轴方向频率分布直方图来定量分析碎石的定向性。

图像的各向异性率使用公式(4.6)定义,即长轴、短轴长度之差与长轴长度的百分比。该指标可以反映碎石的定向性。

$$I_a = \frac{R-r}{R} \times 100\% \tag{4.6}$$

式中:I_a 为各向异性率;R、r 为碎石的长轴、短轴长度。

各向异性率 I_a 可以用来表示碎石的定向分布,当 $I_a=0\%$ 时,表明颗粒随机分布,呈各向同性;当 $I_a=100\%$ 时,表明碎石形状呈同一方位分布,完全各向异性。经过统计可以发现,以重塑样 D 为例,计算统计剪切面上碎石的各向异性率,剪切后各向异性率在 $20\%\sim60\%$ 区间内的碎石占碎石总量的 66.67%。据此可以确定,含碎石滑带经过剪切作用,试样中的碎石发生破碎,碎石形状表现为随机各向异性。

图 4-7 为含碎石滑带剪切试验后剪切面上的碎石的长轴方向频率分布玫瑰花图,

该图以 15° 为间隔，使用 12 个小区间来反映碎石长轴在 0°～180° 范围内的分布情况。其中，以 f 表示各长轴方向区间内对的碎石频率，如公式(4.7)所示。

$$f(\alpha) = \frac{n_a}{N} \tag{4.7}$$

式中：n_a 为长轴方向角在 α 区间内的碎石个数；N 为统计的所有碎石总数。

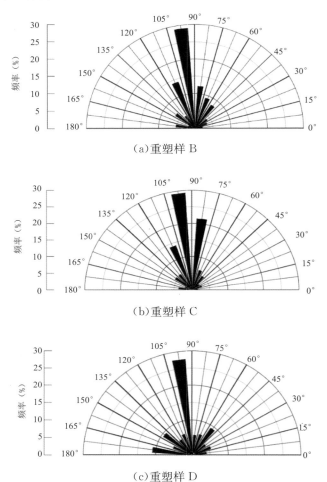

(a)重塑样 B

(b)重塑样 C

(c)重塑样 D

图 4-7　滑带剪切破坏后剪切面碎石的长轴方向频率分布玫瑰图

定义剪切面的剪切方向为 Y 轴，与之垂直的方向为 X 轴，且剪切方向为 Y 轴正方向，以图像切片为基准，右侧方向为 X 轴正方向。这里的 0° 表示 CT 扫描图像中 X 轴的正方向，90° 即为试样的剪切方向。根据统计结果可以直观地看到，不同粒径的重塑样的长轴方向分布规律相似，主要分布在 90°～105° 区间内，即碎石的长轴多与剪切方向成 0°～15° 的夹角。对这一现象进行分析，考虑到重塑样制样时的碎石排布是随机的，随着剪应力的施加，试样沿剪切方向发生位移，试样中的土、石在剪应力的作用

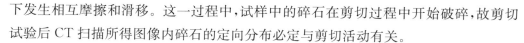

下发生相互摩擦和滑移。这一过程中,试样中的碎石在剪切过程中开始破碎,故剪切试验后 CT 扫描所得图像内碎石的定向分布必定与剪切活动有关。

对于与剪切面相垂直的 XOZ 平面,统计分析发现其碎石的长轴与 X 轴的夹角,考虑这一现象主要是由于重力作用导致碎石的垂直型分布。

4.2.3 剪切带前缘碎石富集现象

对比剪切前后的 CT 扫描图像,肉眼可以观察到剪切带前缘碎石有增多的趋势,且碎石粒径均较小,对剪切带前缘部位的碎石进行统计,统计结果如表 4-3 所示。

表 4-3 剪切破坏前后剪切带前缘碎石含量统计表

状态	剪切前	剪切后
前缘碎石含量(像素)	122077	182479
前缘碎石含量与剪切面碎石总含量的百分比	20.23%	28.46%

由表可知,试样遭受剪切破坏后,在剪切带的前缘碎石的含量较剪切前有增多的现象,即剪切带前缘发生了碎石富集。根据统计结果可知,富集的碎石粒径较小,之所以出现这一现象,主要是因为试样在受到剪应力作用下发生剪切位移。在剪切破坏的渐进过程中,剪切带前缘最先出现裂缝,随着剪应力的增加,前缘裂缝增大,剪切带周围土体发生变形,颗粒间孔隙增多,故较小的颗粒自身及上覆轴压提供的摩擦力不足以抵抗剪应力而发生运动。虽然实际过程中,颗粒的运动主要以沿剪切面整体滑动为主,但对于粒径较小的碎石也会随着剪切带运动发生一定的相对位移,产生在前缘的富集现象。

4.2.4 剪切带后缘拉张裂缝现象

在滑坡变形的描述中常会看到拉张裂缝现象,拉张裂缝通常出现在滑坡的后缘,属于卸荷作用、外部应力作用所引起的变形与破裂。常规的直剪试验由于试样尺寸较小(直径 6.18cm),往往很难观察到剪切带的后缘拉张裂缝现象,而采用中尺寸直剪试验可以清晰地观察到该现象。

观察试样的剪切面可以发现,剪切带后缘均有宽度不一、发育程度不同的裂缝。这类裂缝多沿碎石边界发育延伸,与剪切方向成 $60°\sim90°$ 的夹角。如图 4-8 所示,将重塑样 A 剪切面的 CT 扫描图像分为土、石、孔隙三个图层,其中蓝色代表孔隙,绿色代表土,红色代表碎石颗粒。由图可以清晰地看到,剪切带的后缘有两条裂缝(L1、L2)。其中,裂缝 L1 最为发育,为拉裂缝,裂缝左侧最宽,约 1.5mm,由于碎石的存在,裂缝在土体中弯曲扭转,在与剪切方向相垂直的方向延伸,近乎贯穿试样;裂缝 L2 与

L1 相比短且细,裂缝宽 0.15～0.25mm,长约 20mm,该裂隙前缘有粒径较大的碎石存在,使得裂缝延伸方向发生偏转。

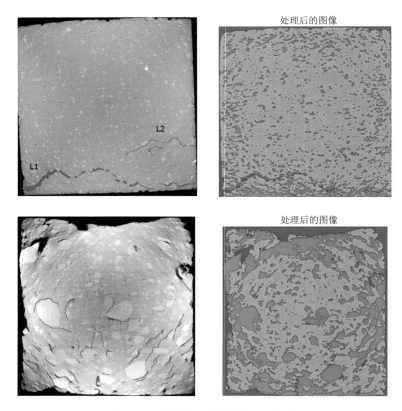

图 4-8　重塑样 A 剪切面 CT 扫描图

当试样中的碎石粒径较大时,以重塑样 D 为例,分析其剪切破坏后的剪切面裂缝发育情况。如图 4-9 所示,碎石粒径较大时,剪切面上的裂缝多沿碎石边缘产生,且裂缝均粗且短,相邻裂缝之间有贯通的趋势。统计发现,重塑样 D 剪切面上的裂缝最宽有 1.45mm,最长有 12mm。

分析考虑这类裂缝应该是由于剪切运动中,试样的土、石运动速度差异,各处胶结力不同而造成的。不难发现,一方面,当碎石含量较小时,滑带在遭受剪切作用时沿着剪切带会在其后缘产生连续贯通的拉张裂缝,裂缝前端受到挤压土体更加密实,而后端除受到后部土体的推力外,还遭受前部土体的拉力。故碎石粒径较小时,应力释放主要发生在拉张裂缝处,随着剪应力的进一步增大,土体可能会沿拉张裂缝发生进一步的滑动。另一方面,当碎石粒径较大时,滑带剪切作用下的裂缝发育情况较分散,大多沿碎石边缘,表现为土、石的分离,剪切带上的滑带更为松散。当剪应力进一步增大时,沿碎石边缘发育的裂隙会进一步发育并相互贯通,这种情况的破坏性将会更大。

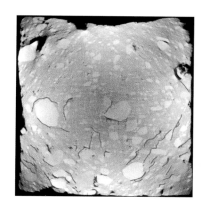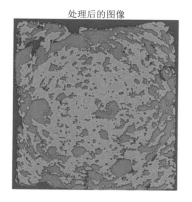

处理后的图像

图 4-9　重塑样 D 剪切面 CT 扫描图

4.3　含碎石滑带剪切破坏机理

4.3.1　碎石含量对含碎石滑带剪切强度的影响

为了研究碎石含量对滑带抗剪强度的影响,分别配制了四种不同碎石含量的重塑样进行剪切试验,按照原状滑带的级配比例,对剔除的大颗粒采用等量替代的方法,最终得到碎石含量分别为 0%、23.3%、33.2%、58.5% 的重塑样。除碎石含量的差别,四种试样在碎石粒径的大小上也有一定区别,重塑样 A 的粒径均小于 2mm,重塑样 B 粒径小于 5mm,重塑样 C 的粒径小于 10mm,重塑样 D 的粒径小于 20mm。剪切试验结果如图 4-10 所示,随着碎石含量的增加,滑带的抗剪强度呈增大的趋势。

通过 CT 试验对剪切后的试样进行微观扫描分析发现,不同粒径条件下的试样,其剪切带的破坏形式有所差别。对于不含碎石的重塑样 A,可以观察到剪切面较平整、密实,剪切带有光滑的擦痕出现且剪切带土体湿润,含水率较高,在剪切面的后缘还有规则的拉张裂缝;对于碎石含量较多且碎石粒径较大的重塑样 D,可以观察到其剪切面起伏凹凸不平,剪切面的形成有典型的"绕石现象",碎石在剪切面上的排列也呈各向异性,沿着碎石边界存在较多的裂隙,直观上导致碎石的松动和滑带结构松散。

从含碎石滑带的微观结构出发对直剪试验结果进行分析,之所以产生滑带的抗剪强度随着碎石含量的增加而增大的现象,本质上是由于试样土的内摩擦角和黏聚力的增大。滑带的内摩擦角,是土体内部微观颗粒之间相互运动和胶结的摩擦特性,黏聚力则是土体相邻颗粒之间的吸引力。对于滑带抗剪强度增大的原因,主要从两个方面进行分析考虑。一方面,是因为在剪切过程中,由于碎石的存在,碎石会随着剪切位移的发生而出现错动、滑移甚至翻滚等运动,这种运动在一定程度上增大了剪切运动的阻力,表现为滑带的内摩擦角增强。另一方面,当试样的碎石含量增大时,其不均匀系

数 C_u 也随之增大,试样的不均匀性更大,故碎石与土颗粒之间的接触面积变大,当碎石含量达到一定比例后,碎石颗粒在试样中更多地承担骨架作用,而碎石与土颗粒之间的嵌固及咬合作用更加紧密,使得土、石在剪切过程中的摩阻力也相应增加,表现为试样的黏聚力变大,抗剪强度增强。

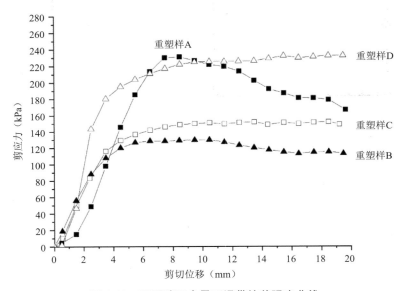

图 4-10　不同碎石含量下滑带抗剪强度曲线

　　从力学角度分析,当碎石粒径大小不同时,可能会导致滑带在剪切过程中应力路径和摩擦做功不同。含碎石滑带发生剪切位移时,实际上是两个颗粒之间的相互运动,相对大的颗粒在运动时需要克服更大的摩擦力,故通常是小尺寸的颗粒跨越较大尺寸的颗粒进行运动。这一过程中,碎石的粒径不同,将会造成其运动所需的应力及摩擦功耗的差异。图 4-11 所示为简化的颗粒间运动示意图,其中,σ 为法向应力,τ 为剪应力,颗粒 a 在剪应力的推动下发生向右的滑移时,需要跨越颗粒 b。在这一过程中,法向应力 σ 不做功,根据经典力学,剪应力在剪切过程中所做的功如式(4.8)所示。

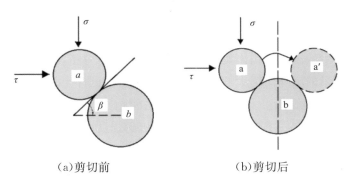

（a）剪切前　　　　　　　　　　（b）剪切后

图 4-11　碎石运动示意图

$$W_\tau = \sigma(R_1 + R_2)\sin\varphi_\mu \ln\left[\frac{\tan(\dfrac{\pi}{4} + \dfrac{\beta}{2} + \dfrac{\varphi_\mu}{2})}{\tan(\dfrac{\pi}{4} - \dfrac{\beta}{2} + \dfrac{\varphi_\mu}{2})}\right] \tag{4.8}$$

式中：R_1、R_2为 a、b 颗粒的半径；φ_μ 为颗粒之间的滑动摩擦角；β 为碎石颗粒间接触方向与水平方向的夹角。

由公式(4.8)可以看出，剪应力所做的功与两碎石的半径之和正相关，故碎石较大时所需克服摩擦做的功更多，其抗剪强度更强。

4.3.2 碎石的空间分布对滑带剪切强度的影响

通过对 CT 扫描后的图片进行处理统计，发现在剪切带上的碎石含量与实际配制的碎石含量有一定的差别，这主要是因为碎石在试样中的分布是随机的，由于剪切盒的设置要求，滑带仅在剪切盒设置的剪切缝附近产生剪切位移，发生剪切破坏。剪切带碎石的空间分布对剪切面主应力偏转、应力分布及抗剪强度的大小具有重要影响，为研究剪切带碎石空间分布对滑带剪切强度的影响，开展以下分析。

直剪试验中，理想的应力状态是控制水平和垂直两个方向的应力，然而在实际剪切过程中，随着剪切位移的发展，试样内土体的应力分布会发生改变，其大主应力方向也不是始终维持在一个方向，其主应力轴方向会随之产生偏转，使得试件中的剪应力分布开始发生变化。表现为靠近剪切盒边缘的部分应变最大，试样靠近中心部分的应变逐渐较小；空间上剪切带附近应变最大，远离剪切带的土体应变相应减小。当剪切带中有大量碎石存在时，随着碎石空间分布的各向异性，由于碎石的刚度要远大于土，故应力在剪切带传递过程中也发生各向异性的偏转，主应力轴的旋转也受到相应的影响，表现为偏转角变化的各向异性。这一现象加剧了试样土体剪应力分布的不均匀性，在主应力轴旋转的过程中，试样各处的应力分量不断变化消长，从而影响试样的抗剪强度。

第 5 章　基于弯曲元的滑带剪切模量试验

5.1　试验设备及试验方案

土体剪切模量是重要的力学参数,在动力反应分析、数值模拟等方面具有重要作用。试验表明土体的剪切模量随着应变的增大呈现非线性关系,如图 5-1 所示,只有在非常小应变范围内(小于 10^{-6})可以视为基本不变且为最大值。试验室内测量土体剪切模量的主要手段为共振柱法及波速测量法。弯曲元测试具有装置简单、原理明确等优点,可以在非常小应变范围内测得土体的剪切波速。

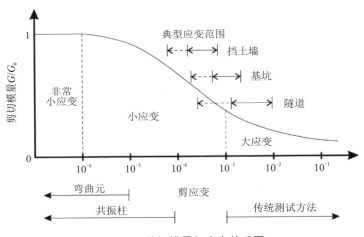

图 5-1　剪切模量与应变关系图

5.1.1　弯曲元试验基本原理

1880 年 Curie 和 Curie[86]发现了电气石的压电现象,压电学的历史从此开始;1946 年美国麻省理工学院制作了第一个压电陶瓷,随后开始压电陶瓷在各种压电器件中的应用研究。所谓压电陶瓷,即通过电场或高压极化处理后的陶瓷,其特性是可以将电能与机械能相互转换,当对压电陶瓷施加电压时,压电陶瓷会产生变形,同样当压电陶瓷受到机械能变形时会产生一定的电压。

1978 年 Shirley 和 Hampton[87]将两片极化方向相同的压电陶瓷粘到相同尺寸的金属薄片上制成了弯曲元,由于两块压电陶瓷的电压方向相反,弯曲元将产生弯曲并产生振动,并将其成功地应用于土体剪切波速的试验室测量中。随着技术的发展,越来越多的研究者们将弯曲元集成到其他测试手段中,例如固结仪、三轴仪、直剪仪等。姬美秀[88]将弯曲元系统添加至三轴仪中,可以在各种应力水平下进行动、静三轴试验的同时便捷地获取试样在相应状态下的剪切模量;汪云龙[89]将弯曲元系统集成到粗粒土相对密度测试的振动台中,可以同时获得试样的剪切波速及相对密度;窦帅[90]研制了冻融弯曲元测试系统,可以在不同压力、温度下测试试样的剪切模量;袁泉[91]研制了集成弯曲元系统的真三轴试验仪器,用来测试砂土剪切模量与不同方向主应力的关系。

5.1.2　仪器设备及其工作原理

本研究所用的弯曲元测试系统是江苏永昌科教仪器制造有限公司生产的WQY-1型弯曲元测试系统,如图 5-2 所示。系统主要由弯曲元发射端及接收端、电荷放大器、波形生成器、数字示波器、功率放大器组成。

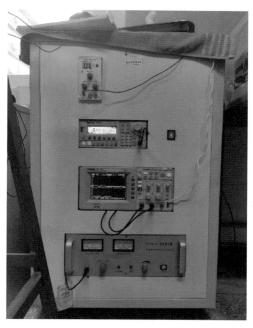

图 5-2　弯曲元测试系统

波形生成器使用的是 RIGOL 公司生产的 DG1022U 双通道函数/任意波形发生器,可生成稳定、精确及低失真的输出信号,具有高精度、宽频带频率计,单通道频率范围可达 100～200MHz,幅度范围可达 2mVpp～10Vpp,具有丰富的调制功能,可连接相应功率放大器,将功率放大后输出。波形生成器在弯曲元系统中至关重要,对测试效果影响最大的波形、激发频率均由波形生成器确定。

功率放大器采用的是南京佛能科技实业有限公司生产的 HFVA-41 型线性功率放大器,具有失真小、频率范围宽的优点,能够适应各种类型信号的放大。

电荷放大器使用的是扬州弘业科技有限公司生产的 HY5852 型通用低噪声电荷放大器,具有电荷/电压两种输入方式;传感器灵敏度三位调节;具有多档位的高通及低通滤波器;噪声小于 $5\mu V$,精度为 $\pm 1\%$。电荷放大器的滤波功能对获得的接收波形有显著的影响,试验过程中获得的接收波形存在不稳定或无波形等情况,多与滤波器设置有关,需要根据激发波形,选择合适的滤波档位。电荷放大器的灵敏度调节则需要与功率放大器的放大倍数相适应:灵敏度过高、功率放大倍数过小时,会出现无接收波形情况;灵敏度过小、功率放大倍数过大时,会出现波形不稳定、快速波动等现象。

数字示波器使用的是 RIGOL 公司生产的 DS1102E 数字示波器,具有 1 GSa/s 的实时采样和 25 GSa/s 的等效采样功能,边沿、视频、斜率等多种触发功能,可变触发灵敏度,内嵌数字滤波等多种功能。

弯曲元测试系统测试原理如下:首先通过波形生成器调制所需信号的形状、频率、周期、激发方式等并生成波形,之后经由功率放大器对调制信号进行放大并输入弯曲元发射端,弯曲元将电信号转换为机械变形,从而产生振动,在土体内激发剪切波,剪切波穿过土体后作用于弯曲元的接收端,接收端将所受的机械变形转化为压电信号,并经由电荷放大器,由示波器采集并显示,最后通过数据线由电脑软件采集、计算。通过对比发射波与接收波的波形,可以获得剪切波在土体试样中的传播时间,弯曲元发射端至接收端的直线距离即为剪切波传播距离,从而可以计算剪切波在土体试样内的传播速度及土体试样的剪切模量。弯曲元测试系统简图如图 5-3 所示。

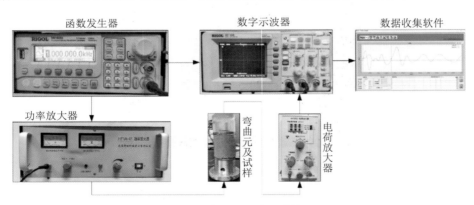

图 5-3　弯曲元测试系统简图

5.1.3　试验步骤与技术要求

弯曲元测试系统的操作步骤如下：

（1）打开测试软件，改变试验参数以检查各部件之间的连接状态，检查功率放大器是否过载。

（2）将弯曲元发射端及接收端对齐后分别插入试样内。

（3）施加其他变量（应力、饱和度等）并等待其状态稳定。

（4）在软件中设置波形、激发频率、轴向荷载、围压、试样密度、试样高度（此试样高度为实际高度减去两弯曲元插入深度后的值，即剪切波传播距离）、试样编号、试验结果保存地址，设置完成后点击开始试验。

（5）调整功率放大器的放大倍数，达到不过载状态下的最大放大倍数。

（6）根据数字示波器中的接收波波形效果，调整电荷放大器的灵敏度及高通、低通滤波器，直到数字示波器中得到清晰、稳定的接收波波形。

（7）在测试软件的波形图中，用鼠标选取开始时间（t_0）、初达时间（t_1），点击计算剪切模量，即可获得剪切波的传播时间、剪切波速及剪切模量。

5.1.4　影响因素分析

弯曲元虽然广泛应用在小应变剪切模量的测量试验中，但是受本身构造、试样尺寸、波形、频率、近场效应、初达时间判别法等众多因素的影响，在不同试验中，弯曲元的测量精度存在较大差别。

根据前人的研究可知，弯曲元在振动产生剪切波的同时，会在侧面产生两个压缩波，沿试样容器壁传播，因为压缩波在土体中的传播速度大于剪切波，所以会早于剪切波到达，由于传播距离、频率等的不同可能产生近场效应或过冲效应（图5-4），干扰剪切波初达时间的判别。有研究表明，压缩波在土体中的衰减速度大于剪切波，且高频率压缩波的衰减速度大于低频率，因此适当增加试样的高度（传播距离）及激发频率，可以使压缩波在到达接收端之前尽可能地衰弱，从而减小其干扰。

弯曲元测试中最重要的环节即为初达时间的判定。对于剪切波初达时间的判定方法主要包括特征点法、互相关法。特征点法即是通过对比发射信号与接收信号波形上的某些特征点确定其传播时间，例如第一个峰值点、第一个最小值点、第一个零势交叉点、第一个下降点等，该方法存在较大的主观性，但方法简单、直观，误差在可接受范围内，使用者较广泛；互相关法则通过利用傅里叶变换，分析激发信号与接收信号之间的相关水平来确定信号的传播时间，但必须确保发射信号与接收信号之间的相似性，否则可能得到错误结果，使用该方法的研究者较少。

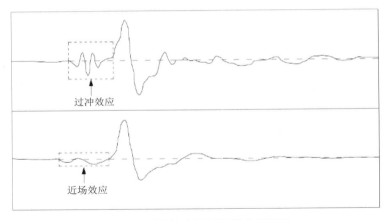

过冲效应

近场效应

图 5-4　过冲效应及近场效应示意图

研究者们对于初达时间各种判别方法的误差进行了多种试验。试验大多以共振柱试验结果为基准,对比各特征值法得到的初达时间的误差。Donovan 等[92]使用离散元 PFC 模拟了弯曲元在颗粒材料中的传播过程,并将剪切波到达时间与接收波波形的特征点相对比,发现初达时间不能与任一特征点相吻合,并认为第一个峰值点及第一个零势交叉点法得到的剪切波速偏低,第一个最小值点法得到的剪切波速偏高;Gu 等[93]对比了干燥砂土弯曲元试验结果,认为第一个最小值点法在不同频率下测得的剪切波速误差更小。目前应用最广泛的是第一个零势交叉点法,且多数试验条件下其误差较小,因此测试中选取第一个零势交叉点法确定剪切波初达时间。

激发信号不同波形及频率对于接收信号的波形及传播时间的判断有重要影响。对于不同类型的试样,需要选择合适的激发波形及频率。根据前人研究,弯曲元测试大多采用单脉冲正弦波或单脉冲方波,频率大多在 $1\sim30\text{kHz}$。根据 Biot[94] 的饱和多孔介质波传播理论,剪切波在多孔介质中的传播速度与频率有关,具有一定的弥散性;Santamarina 等[95]将 Biot 理论中剪切波速的弥散性简化为低频剪切波速与高频剪切波速,当剪切波频率小于 0.1 倍的土体特征频率时即为低频剪切波,当剪切波频率大于土体特征频率时即为高频剪切波速。因此需要对滑带开展不同波形不同频率的弯曲元试验,进而确定合理的试验波形及频率。

5.1.5　试验资料整理

为了确定弯曲元激发波的波形及频率,对四种不同含砾量的滑带试样测试了激发波形及激发频率对测试结果的影响效果。根据前人研究,单脉冲正弦波及单脉冲方波是比较适合的波形,其中正弦波适用于刚度较大的试样,而方波较适用于软黏土、粉土及砂土,因此选择方波与正弦波两种波形进行试验。激发频率根据仪器激发范围及土体刚度选择 $5\sim30\text{kHz}$,试验结果如图 5-5 所示。

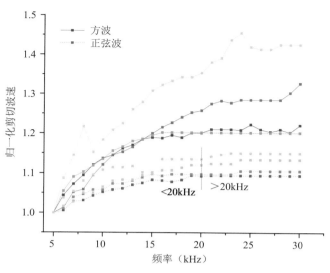

图 5-5　剪切波速与激发频率的关系

由试验结果可知,单脉冲方波得到的剪切波速随着激发频率的增大而显著增大,4 个试样的最终剪切波速为 5kHz 频率下剪切波速的 1.22～1.43 倍,且部分试样在 5～30kHz 频率下剪切波速始终保持增长趋势;单脉冲正弦波的剪切波速同样随着激发频率的增大而增大,但增大趋势较单脉冲方波小,4 个试样的最终剪切波速为 5kHz 频率下剪切波速的 1.09～1.11 倍;单脉冲正弦波在达到 20kHz 之后其剪切波速的变化幅度仅为 0.01～0.07,基本保持不变。Cai 等[96]对砂土试样测试了不同的频率,得到了在低频率阶段剪切波速增速较大,而在 15kHz 时变化幅度较小的结论。因此,根据试验结果选取 20kHz 的单脉冲正弦波进行后续试验。

5.1.6　试验方案设计

土体的剪切模量与其颗粒级配、受力状态、孔隙比、饱和度等因素密切相关。考虑到黄土坡滑坡多次搬迁、三峡水库水位升降及滑带颗粒级配的变化等实际情况,选择从固结压力、超固结比、饱和度及含砾量方面开展弯曲元试验,以期得到黄土坡滑坡滑带小应变剪切模量与各影响因素的变化规律并得到数学模型。

(1)固结应力及超固结比对滑带小应变剪切模量的影响

制样过程:将原状土烘干后筛分,由于试样尺寸限制仅保留 5mm 以下粒径;分别配制 0%、10%、20%、30% 含砾(2～5mm)量的试样,调制为含水率 13% 的试样静置 24h 待用,保证水分分布均匀。制样时控制试样干密度一致,均为 1.97g/cm³,试样制为圆柱样,底面直径 50mm,为快速达到固结稳定状态,试样高度为 50mm。制样时为保证试样密度均匀,采用分层制样,每层夯实后表面凿毛,增强试样各层之间的黏结。制样后真空饱和 24h。

为测试试样在不同轴向应力下的应变及剪切模量,将直剪仪进行改装,移除其剪切盒,并使用亚克力材料根据试样高度、弯曲元尺寸等定制侧限容器,增加轴向应变监测。轴压选择逐级加载,压力等级分别为50kPa、100kPa、200kPa、400kPa,之后再依次卸载至0kPa,每级压力持续24h(图5-6)。测试的轴向应力通过改造的直剪仪的加压框架施加;轴向位移使用百分表测量;为保持饱和状态,在试样周围使用湿棉花等包裹并及时补充水分。

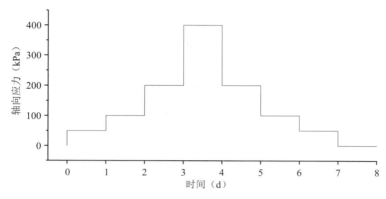

图5-6 轴压加载、卸载路径

操作步骤如下:

1)将侧限容器安装到弯曲元发射端,将试样对准后放在侧限容器上方,将试样从环刀推出至侧限容器,确保弯曲元发射端完全插入土体试样;调整弯曲元接收端的方向以确保弯曲元对齐,并插入土体试样,确保弯曲元与试样接触紧密。

2)将弯曲元连同试样整体放到直剪仪的加压框架中,调整位置确保轴压不偏心;调整加压框架,安装百分表来监测轴向位移并测计初始读数。

3)施加轴压并维持24h,测试该压力等级下的小应变剪切模量并记录轴向应变值。

4)重复步骤3),直到垂直压力为400kPa后维持24h后,开始逐级卸载至0kPa。

(2)饱和度对滑带小应变剪切模量的影响

将原状土筛分后重塑,由于试样尺寸限制仅保留5mm以下粒径,分别配制0%、10%、20%、30%含砾(2~5mm)量的试样,调制为含水率13%的试样,静置24h待用,保证水分分布均匀。制样时控制试样干密度一致,均为1.97g/cm³,试样制为圆柱样,底面直径50mm,为保持与其他试验一致,试样高度为50mm。制样后真空饱和24h。

饱和试样安装弯曲元后置于塑料箱中,使用电子天平记录试样及弯曲元的重量,天平周围铺满变色硅胶干燥剂用于吸收试样水分,之后使用保鲜膜及胶带保证塑料箱内环境密闭。通过预试验得到试样失水过程中饱和度与时间的关系,确定该装置可以满足试验要求,72h后饱和度可达到20%。

详细试验步骤如下：

1）天平清零后放入塑料箱中，在周围放足量的变色硅胶干燥剂。

2）取出饱和试样，将弯曲元的发射端与接收端对齐后插入试样中，确保弯曲元与试样接触紧密。

3）将弯曲元与试样整体放于天平上，记录饱和状态的读数。

4）盖上盖子，使用保鲜膜、胶带等密封，特别注意天平及弯曲元电线处的密封。

5）根据预试验结果，前12h饱和度每小时下降约1.7%，因此每小时记录一次饱和度；24～36h饱和度每小时下降约1.4%，因此每2h记录一次；48～60h饱和度每小时下降约0.5%，因此每4h记录一次。

（3）含砾量对滑带小应变剪切模量的影响

将原状土筛分后重塑，由于试样尺寸限制仅保留5mm以下粒径，分别配制0%、10%、20%、30%含砾（2～5mm）量的试样，颗粒级配如图5-7所示，调制为含水率13%的试样，静置24h待用，保证水分分布均匀。制样时控制试样干密度一致，均为1.97g/cm³，试样制为圆柱样，底面直径50mm，为保持与其他试验一致，试样高度为50mm。制样后真空饱和24h，分别测试其剪切模量。

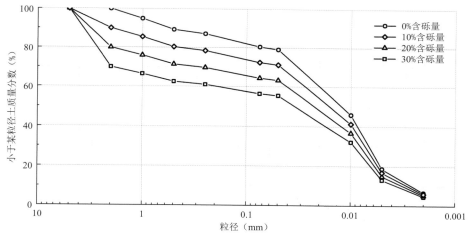

图5-7 不同含砾量颗粒级配图

5.2 滑带弯曲元试验

5.2.1 不同固结应力滑带弯曲元试验

为了研究固结应力对黄土坡滑坡滑带小应变剪切模量的影响，对不同含砾量试样开展了0kPa、100kPa、200kPa、400kPa固结应力下的弯曲元试验；为了更直观地比较轴压对试样剪切模量的影响,定义当前压力下的剪切模量与 0kPa 下的剪切模量之比为剪切模量之比。根据试验结果绘制了剪切模量及剪切模量之比与轴压的关系曲线,如图 5-8 和图 5-9 所示。

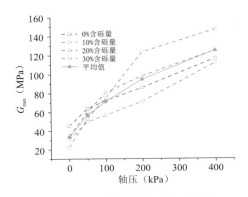

图 5-8　剪切模量—轴压关系曲线　　　图 5-9　剪切模量之比—轴压关系曲线

由图可以看出:

(1)不同含砾量的滑带在 0kPa 下的剪切模量平均值为 33.47MPa,50kPa 下的剪切模量平均值为 56.80MPa,100kPa 下的剪切模量平均值为 71.31MPa,200kPa 下的剪切模量平均值为 94.73MPa,400kPa 下的剪切模量平均值为 125.07MPa;50kPa、100kPa、200kPa、400kPa 下试样的剪切模量平均值分别为 0kPa 下的 169.71%、213.09%、283.06%、373.71%。

(2)随着轴压的增大,一方面试样密度增大,土体颗粒之间的连接逐渐加强,另一方面土体骨架颗粒间的接触力增大,因此宏观表现为剪切模量增大,试样剪切模量的增大速率在逐渐减小,即剪切模量与轴压不成正比,与 Hardin 和 Blandford[97] 的研究结论一致。

(3)由剪切模量之比可以看出,轴压对不同含砾量试样的影响程度不同,400kPa 下 0% 含砾量试样的剪切模量为 0kPa 下的 256.92%,而 30% 含砾量试样高达 373.71%,即随着含砾量的增大,轴压的影响效果增大。这可能是因为随着含砾量的增大,试样可以被压缩得更加密实。

对于轴压增大过程中试验剪切模量的变化,李天宁等[98] 在砾性土的剪切波速试样中得到了类似的结果,在低固结应力阶段,试样剪切波速随着固结应力的增大而增大的幅度较大,而在高固结应力阶段,试样剪切波速随着固结应力的增大而增大的幅度较小。少数研究者得到过不同的结论:姬美秀[88] 测试了海洋软土在不同有效固结应力下的剪切模量,发现其剪切模量与平均有效固结应力近似成正比,与试验结果不同,可能与黏土成分及固结环境有关;赵宁[99] 测试了黄土的剪切模量,得到的结果为剪切模量与平均有效固结应力近似成正比。不同土体的剪切模量随着固结应力的变化规律大体相似,但由于其成分、环境等的不同,存在一定的差异。

滑带在不同轴压下,其孔隙比也会有较大的变化,而孔隙比对其剪切模量具有显著的影响,因此绘制了孔隙比—轴压关系曲线,如图 5-10 所示。为了更直观地对比轴压对孔隙比的影响,定义当前轴压下的孔隙比与 0kPa 下的孔隙比之比为孔隙比之比,并绘制了孔隙比之比—轴压关系曲线,如图 5-11 所示。

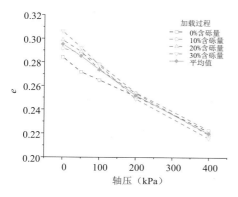

图 5-10 孔隙比—轴压关系曲线   图 5-11 孔隙比之比—轴压关系曲线

由图可以看出:

(1)随着轴压的增大,不同含砾量的滑带在 0kPa 下的孔隙比平均值为 0.2952,50kPa 下的孔隙比平均值为 0.2851,100kPa 下的孔隙比平均值为 0.2737,200kPa 下的剪切模量平均值为 0.2520,400kPa 下的孔隙比平均值为 0.2201;50kPa、100kPa、200kPa、400kPa 下试样的孔隙比平均值分别为 0kPa 下的 96.60%、92.70%、85.39%、74.56%。

(2)随着轴压的增大,试样孔隙比基本呈线性减小;不同含砾量试样的孔隙比在逐渐接近;由孔隙比之比可以看出,400kPa 下 0% 含砾量试样的孔隙比为 0kPa 下的 78.03%,而 30% 含砾量试样仅为 70.64%,即随着试样含砾量的增大,轴压对孔隙比的影响效果增大,随着试样含砾量的增大,轴压对剪切模量的影响效果增大。

5.2.2 不同超固结比滑带弯曲元试验

为了研究超固结比对滑带小应变剪切模量的影响,在轴压加载的基础上,开展了轴压卸载路径下的弯曲元试验,根据试验结果绘制了轴压加载、卸载过程中弯曲元接收波的波形,如图 5-12 至图 5-15 所示。

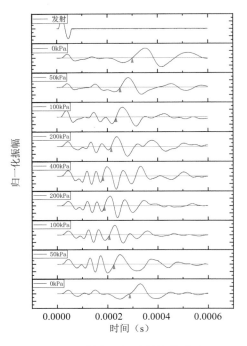

图 5-12　0%含砾量试样接收波波形

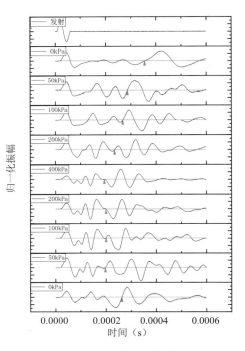

图 5-13　10%含砾量试样接收波波形

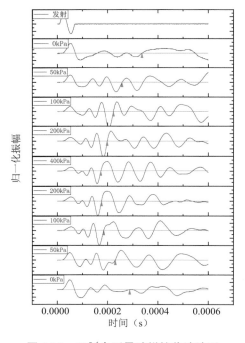

图 5-14　20%含砾量试样接收波波形

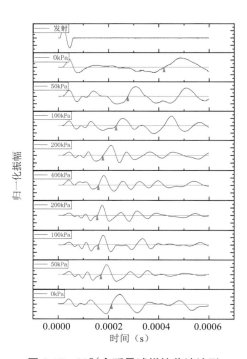

图 5-15　30%含砾量试样接收波波形

由以上接收波波形可以看出,轴压为 0kPa 时,接收波波形与其他轴压条件下的接收波波形有较大差别,可能跟弯曲元与土体试样的接触紧密程度有关;其他轴压条件下,加载及卸载过程的接收波波形均较相似;由于试样尺寸问题,过冲效应较明显,但仍可较清晰地分辨剪切波初达时间(上图红色三角的横坐标即为初达时间)。

通过计算处理后,绘制了正常固结及超固结状态下,不同含砾量滑带剪切模量—轴压关系曲线,如图 5-16 至图 5-19 所示。

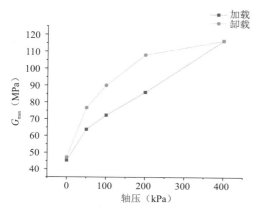

图 5-16　0%含砾量剪切模量—轴压关系曲线

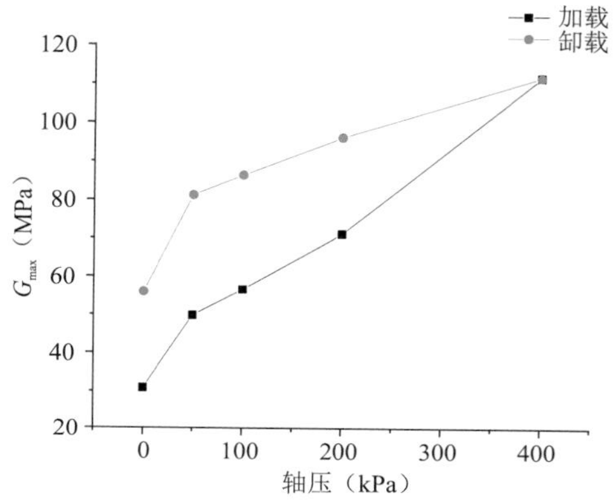

图 5-17　10%含砾量剪切模量—轴压关系曲线

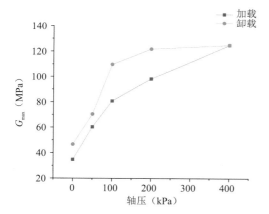

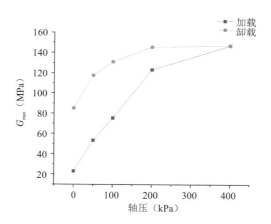

图 5-18　20%含砾量剪切模量—轴压关系曲线

图 5-19　30%含砾量剪切模量—轴压关系曲线

由图可以看出:

(1)超固结状态下,试样小应变剪切模量明显增大,说明先期固结压力产生的压密效果或土体结构的改变在卸载后仍然存在。

(2)超固结状态下,试样剪切模量仍与轴压具有明显的变化规律,说明该条件下,轴压的影响效果高于超固结状态;不同含砾量试样在超固结状态下的剪切模量变化规律不尽相似,需要进一步探究原因。

对于不同固结状态下剪切模量的变化,李晶晶和孔令伟[100]对南阳膨胀土进行了类似的加载、卸载试验,得到的剪切模量与应力关系与本试验一致;袁泉[100]对砂土进行了类似的试验,试验结果同样相似。

为研究超固结状态下轴压与剪切模量的关系,绘制了超固结状态下剪切模量—轴压关系曲线,如图 5-20 所示。为更直观地比较超固结状态对剪切模量的影响,定义当前轴压下的剪切模量与卸载至 0kPa 下的剪切模量之比为剪切模量之比,并绘制了剪切模量—轴压关系曲线,如图 5-21 所示。

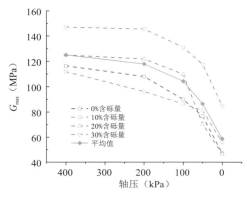
图 5-20　剪切模量—轴压关系曲线

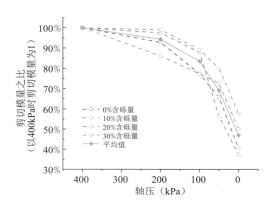
图 5-21　剪切模量之比—轴压关系曲线

由图可以看出:

(1)不同含砾量的滑带在 400kPa 卸载到 200kPa 时的剪切模量平均值为 117.89MPa,卸载到 100kPa 时的剪切模量平均值为 104.32MPa,卸载到 50kPa 时的剪切模量平均值为 86.47MPa,卸载到 0kPa 时的剪切模量平均值为 58.67MPa;200kPa、100kPa、50kPa、0kPa 下试样的剪切模量平均值分别为 400kPa 下的 94.26%、83.41%、69.14%、46.91%;

(2)在卸载过程中,试样剪切模量减小的速率在逐渐增大。从剪切模量之比—轴压关系曲线中可以看出,30%含砾量试样在各轴压等级下均是最高的,说明超固结状态下含砾量的增大,一定程度上加强了超固结状态对剪切模量的影响。可能是因为含砾量的增大使超固结状态产生的压密效果更好。

为了更加方便地研究超固结状态对剪切模量的影响效果,绘制了超固结状态下剪切模量增大值及剪切模量增幅与轴压的关系,如图 5-22 和图 5-23 所示。

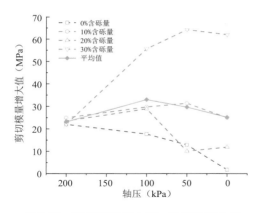

图 5-22　剪切模量增大值—轴压关系曲线

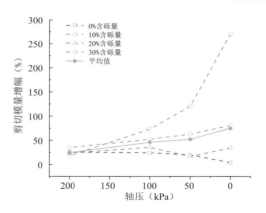

图 5-23　剪切模量增幅—轴压关系曲线

由图可以看出：

（1）200kPa 时，超固结比为 2，剪切模量增大值的平均值为 23.15MPa；100kPa 时，超固结比为 4，剪切模量增大值的平均值为 33.00MPa；50kPa 时，超固结比为 8，剪切模量增大值的平均值为 29.67MPa；0kPa 时，剪切模量增大值的平均值为 25.21MPa。试样剪切模量增大值随着超固结比的变化规律与含砾量有关：0％含砾量试样的剪切模量增大值随着超固结比的增大而逐渐降低，说明随着轴压的卸载，超固结状态的压实效果在逐渐减弱；10％、20％、30％含砾量试样的剪切模量增大值随着超固结比的增大而先增大后减小，说明含砾量的增大导致超固结状态的压实效果显著增大，远超过轴压减小导致的回弹量，所以曲线会先增大，当轴压继续降低后，压实效果进一步被削弱，所以会出现减小的现象。

（2）200kPa 时，超固结比为 2，剪切模量增幅的平均值为 24.44％；100kPa 时，超固结比为 4，剪切模量增幅的平均值为 46.28％；50kPa 时，超固结比为 8，剪切模量增幅的平均值为 52.24％；0kPa 时，剪切模量增幅的平均值为 75.32％。试样剪切模量增幅随着超固结比的变化规律同样与含砾量有关：0％含砾量试样的剪切模量增幅随着超固结比的增大而逐渐降低；20％含砾量试样的剪切模量增幅随着超固结比的增大而呈现波动现象；10％、30％含砾量试样的剪切模量增幅随着超固结比的增大而增大。可以看出，随着超固结比的增大，不同含砾量试样剪切模量增幅的差值在迅速增大。李晶晶和孔令伟[100]对南阳膨胀土进行了类似的试验，试样从 0kPa 加载至 320kPa，随后卸载至 0kPa，其剪切模量增大了 66.59％，而卸载至 160kPa（超固结比为 2）时，其剪切模量仅增大了 13.37％，因此剪切模量与超固结比的关系是非线性的。

固结状态对剪切模量的影响效果与孔隙比密切相关，因此需要研究不同固结状态下试样孔隙比的变化规律，绘制了孔隙比—轴压关系曲线，如图 5-24 至图 5-27 所示。

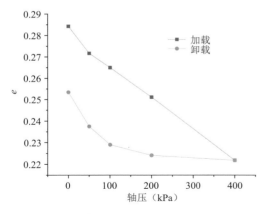

图 5-24　0%含砾量孔隙比—轴压关系曲线

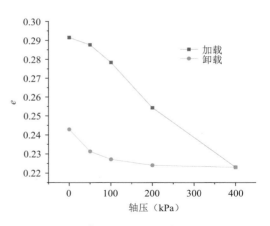

图 5-25　10%含砾量孔隙比—轴压关系曲线

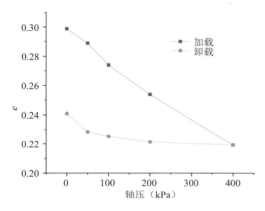

图 5-26　20%含砾量孔隙比—轴压关系曲线

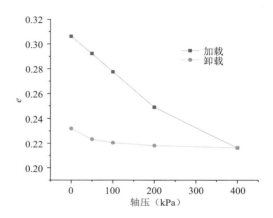

图 5-27　30%含砾量孔隙比—轴压关系曲线

　　可以看出,正常固结状态中随着轴压的增大,孔隙比显著减小;超固结状态下,随着轴压的降低,孔隙比起初变化很小,逐渐增大,但变化幅度明显小于正常固结状态;卸载至 0kPa 时,孔隙比回弹量最显著;随着含砾量的增大,孔隙比回弹量逐渐减少。说明超固结状态的压实效果显著,但轴压的卸载在一定程度上会减弱压实效果,且随着含砾量的减小,减弱效果更加显著。

　　为了研究超固结状态下孔隙比的变化规律,绘制了超固结状态下孔隙比—轴压关系曲线,如图 5-28 所示。为了更加直观地比较孔隙比随着轴压的变化规律,定义当前轴压下与 400kPa 下孔隙比的比值为孔隙比之比,并绘制了孔隙比之比—轴压关系曲线,如图 5-29 所示。

　　由图可以看出:

　　(1)不同含砾量的滑带在 400kPa 卸载到 200kPa 时的孔隙比平均值为 0.2219,卸载到 100kPa 时的孔隙比平均值为 0.2255,卸载到 50kPa 时的孔隙比平均值为 0.2301,

卸载到 0kPa 时的孔隙比平均值为 0.2423；卸载过程中，200kPa、100kPa、50kPa、0kPa 下试样的孔隙比平均值分别为 400kPa 下的 100.82％、102.44％、104.55％、110.08％。

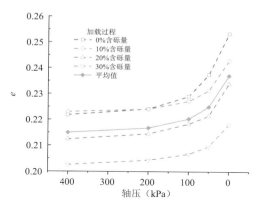

图 5-28 卸载过程中孔隙比—轴压关系曲线   图 5-29 孔隙比之比—轴压关系曲线

（2）在卸载过程中，试样孔隙比随着卸载量的增大而加速增大，说明轴压降低越多，对超固结状态压密效果的减弱越显著；各含砾量试样孔隙比的变化趋势相同，但随着含砾量的增大，其孔隙比整体降低且回弹幅度减小，说明含砾量越大，超固结状态的影响越显著；卸载过程的孔隙比变化量明显小于加载过程，不同含砾量试样之间的差值也明显较小，说明超固结状态一定程度上削弱了含砾量及轴压对试样的影响。

为了更加方便地研究超固结状态对孔隙比的影响，定义相同轴压超固结状态下孔隙比与正常固结状态的差值为孔隙比减少量，孔隙比减少量与正常固结状态下孔隙比的比值为孔隙比减幅，并绘制了孔隙比减少量及孔隙比减幅与轴压的关系曲线，如图 5-30 和图 5-31 所示。

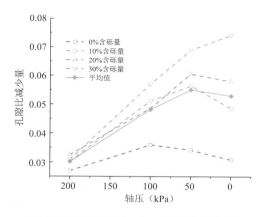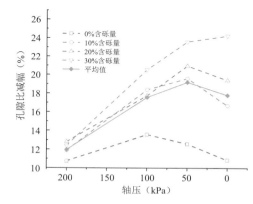

图 5-30 孔隙比减少量—轴压关系曲线   图 5-31 孔隙比减幅—轴压关系曲线

由图可以看出：

（1）200kPa 时，超固结比为 2，孔隙比减小量的平均值为 0.0301，减少幅度的平均值为 11.96％；100kPa 时，超固结比为 4，孔隙比减小量的平均值为 0.0482，减少幅度的平均值为 17.56％；50kPa 时，超固结比为 8，孔隙比减小量的平均值为 0.0550，减少幅度的平均值为 19.18％；0kPa 时，孔隙比减小量的平均值为 0.0529，减少幅度的平均值为 17.79％。

（2）0％、10％、20％含砾量试样孔隙比减少量及减少幅度都随着超固结比的增大而先增大后略微减小，0％含砾量试样的拐点为 100kPa，10％、20％含砾量试样的拐点为 50kPa，30％含砾量试样孔隙比减少量及减少幅度都随着超固结比的增大而增大。以上现象是由于卸载过程中，试样的回弹量不同导致的，说明 0％、10％、20％含砾量试样在卸载至 0kPa 时的回弹量较大，显著影响了超固结状态的压实效果，而 30％含砾量试样的回弹量不足。

5.2.3　不同含砾量滑带弯曲元试验

为了研究不同含砾量对滑带剪切模量的影响，开展了不同含砾量滑带弯曲元试验。根据前文结果分析，不同含砾量试样的孔隙比差异较大，而孔隙比对剪切模量具有显著的影响，因此讨论含砾量对剪切模量的影响规律之前，需要先分析含砾量与孔隙比的关系。

首先研究正常固结状态下孔隙比与含砾量的关系，绘制了正常固结状态下孔隙比—含砾量关系曲线，如图 5-32 所示。为了更加直观地比较孔隙比与含砾量关系，定义试样孔隙比与 0％含砾量试样的孔隙比的比值为归一化孔隙比，并绘制了归一化孔隙比—含砾量关系曲线，如图 5-33 所示。

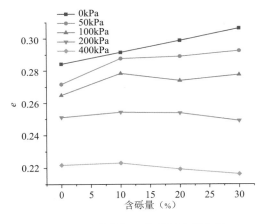

图 5-32　孔隙比—含砾量关系曲线

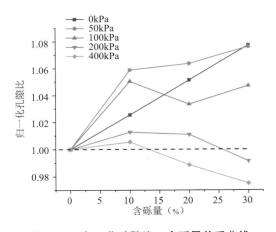

图 5-33　归一化孔隙比—含砾量关系曲线

由图可以看出：

（1）正常固结状态在 0kPa、50kPa 轴压条件下，试样的孔隙比基本上随着含砾量的增大而增大；100kPa 轴压条件下，试样的孔隙比基本上随着含砾量的增大而先增大后减小，但 30% 含砾量试样的孔隙比仍大于 0% 含砾量试样；200kPa、400kPa 轴压条件下，试样的孔隙比随着含砾量的增大而先增大后减小，且 30% 含砾量试样的孔隙比小于 0% 含砾量。

（2）以上现象是由于砾石密度大于土颗粒密度，而制样时控制试样的干密度一致，因此随着含砾量的增大，试样整体的孔隙比增大。正常固结状态，在 0kPa、50kPa 条件下，轴压对试样起到的固结作用不能完全消除制样产生的孔隙比变化，所以孔隙比随着含砾量的增大而持续增大，归一化孔隙比中最大值约 1.08；在 100kPa 条件下，轴压同样不能完全消除孔隙比变化，但是在 20%、30% 含砾量时明显减少了孔隙比；在 200kPa、400kPa 条件下，轴压对试样的固结作用仍不能完全消除制样产生的孔隙比变化，仅在部分高含砾量（20%、30%）试样中可以低于 0% 含砾量试样的孔隙比，30% 含砾量时 200kPa、400kPa 轴压条件下，归一化孔隙比分别为 0.99、0.98。

进一步研究超固结状态下孔隙比与含砾量的关系，绘制了超固结状态下孔隙比及归一化孔隙比与含砾量的关系曲线，如图 5-34 和图 5-35 所示。

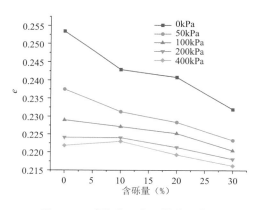

图 5-34　孔隙比—含砾量关系曲线

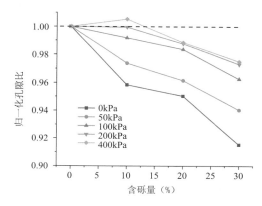

图 5-35　归一化孔隙比—含砾量关系曲线

可以看出，超固结状态下，试样孔隙比基本上都随着含砾量的增大而减小，说明随着含砾量的增大，轴压卸载导致的回弹量降低。30% 含砾量试样的归一化孔隙比分别为 0.92、0.94、0.96、0.97、0.98。

为研究轴压加载、卸载过程中含砾量对孔隙比的影响，定义 30% 含砾量试样的孔隙比与 0% 含砾量试样的孔隙比的差值与 0% 含砾量试样的孔隙比的比值为孔隙比变化幅度，并绘制了孔隙比变化幅度—轴压关系曲线，如图 5-36 所示。

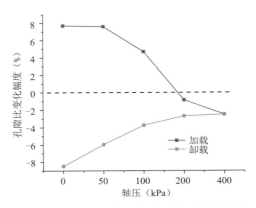

图 5-36 孔隙比变化幅度—轴压关系曲线

由图可以看出：

(1)加载过程中,不同含砾量试样的孔隙比变化幅度由正值逐渐减小至负值,即随着轴压的增大,孔隙比在含砾量增大的过程中由增大逐渐变为减小;随着轴压的增大,含砾量对孔隙比的影响效果逐渐减小。

(2)卸载过程中,不同轴压下的孔隙比变化幅度均为负值,且随着卸载量的增大而逐渐减小,孔隙比变化从 2.50% 增大到 8.47%,说明随着轴压的降低,含砾量对孔隙比的影响效果逐渐增大。因此,含砾量对滑带试样的孔隙比存在显著的影响,且其影响效果随着轴压的增大而减小。

研究了含砾量对孔隙比的影响之后,进一步研究含砾量对滑带剪切模量的影响,同样首先研究正常固结状态,绘制了正常固结状态下小应变剪切模量—含砾量关系曲线,如图 5-37 所示。为了更加直观地比较剪切模量与含砾量关系,定义不同含砾量试样与 0% 含砾量试样的剪切模量之比为归一化剪切模量,并绘制了归一化剪切模量—含砾量关系曲线,如图 5-38 所示。

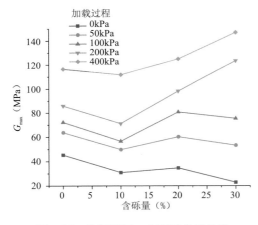

图 5-37 剪切模量—含砾量关系曲线

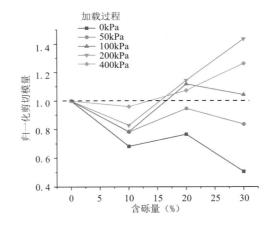

图 5-38 归一化剪切模量—含砾量关系曲线

由图可以看出:

(1)正常固结状态下,含砾量对试样剪切模量的影响因轴压的不同而不同。在 0kPa、50kPa 下,随着含砾量的增大,试样剪切模量基本呈下降趋势;在 100kPa、200kPa、400kPa 下,随着含砾量的增大,试样剪切模量呈现先降低后增大的趋势。结合前文孔隙比的变化曲线可知,在轴压小于 100kPa 时,轴压对试样孔隙比的影响效果较小,此时含砾量对剪切模量的影响效果要小于因含砾量差异导致的孔隙比对剪切模量的影响;而在轴压大于等于 100kPa 时,轴压减小了含砾量差异导致的孔隙比差异,此时含砾量对剪切模量的影响效果占主要部分。

(2)10%含砾量试样的剪切模量在全部轴压等级下均小于 0%含砾量试样,是由于制样时控制试样干密度一致,含砾量增大后,由于砾石密度大于土颗粒密度,导致试样整体孔隙比下降。可以看出,10%含砾量试样的孔隙比在所有加载轴压等级下的孔隙比最大,孔隙比增大对剪切模量的影响超过了含砾量的影响。

(3)20%、30%含砾量试样的剪切模量仅在 0kPa、50kPa 下低于 0%含砾量试样,轴压继续增大后,剪切模量超过 0%含砾量试样。可以看出,轴压达到 100kPa 之后,20%、30%含砾量试样的孔隙比开始低于 0%含砾量试样,即 100kPa 之后,含砾量对剪切模量的影响占据了主导。

(4)30%含砾量试样在 0kPa、50kPa 下剪切模量分别下降了 22.41MPa、10.49MPa,归一化剪切模量分别为 0.51、0.84,而在 100kPa、200kPa、400kPa 下剪切模量分别增大了 3.12MPa、37.44MPa、30.52MPa,归一化剪切模量分别为 1.04、1.44、1.26。

总之,正常固结状态下,在轴压小于 100kPa 时,试样剪切模量随着含砾量的增大而减小,含砾量增大导致的孔隙比对剪切模量的影响占据了主导;在轴压大于等于 100kPa 时,试样剪切模量随着含砾量的增大而先减小后增大,轴压减弱了孔隙比的影响,含砾量对剪切模量的影响占据了主导。赵宁[99]同样以干密度控制制备试样,测试了 100kPa、200kPa、300kPa 围压下黏粒含量为 12%~24%黄土的剪切模量,结论为:剪切模量随着黏粒含量的减小而先减小后增大,且随着围压的增大,颗粒级配的影响效果减小,该结果与本试验的结果相吻合。

为了研究超固结状态下含砾量与剪切模量关系,绘制了超固结状态下小应变剪切模量及归一化剪切模量与含砾量的关系曲线,如图 5-39 和图 5-40 所示。

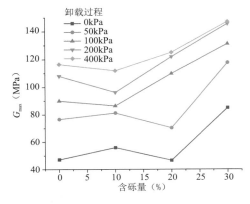

图 5-39　剪切模量—含砾量关系曲线

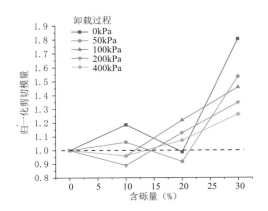

图 5-40　归一化剪切模量—含砾量关系曲线

由图可以看出：

(1)超固结状态下,含砾量对试样剪切模量的影响同样因轴压的不同而不同。在 0kPa、50kPa 下剪切模量变化规律相似,随着含砾量的增大,试样剪切模量虽有波动但整体呈上升趋势,与正常固结状态下正好相反,这与孔隙比的变化有关;在 100kPa、200kPa、400kPa 下,随着含砾量的增大,试样剪切模量呈现先降低后增大的趋势,与正常固结状态下的规律相同。

(2)10%含砾量试样仅在卸载到 0kPa 及 50kPa 条件下,剪切模量高于 0%含砾量试样,是因为仅在卸载到 0kPa 及 50kPa 条件下试样的孔隙比有大幅度的回弹,且 0%含砾量试样的回弹幅度最大,导致 0kPa 及 50kPa 条件下 0%含量试样的剪切模量低于 10%含砾量试样;其他轴压条件下根据前文加载过程分析可知,10%含砾量条件下加载到 400kPa 时,仍不能完全消除含砾量导致的孔隙比增大,因此其剪切模量会小于 0%含砾量试样。

(3)30%含砾量试样的剪切模量在 0kPa、50kPa、100kPa、200kPa、400kPa 下相比 0%含砾量试样,分别提高了 80.28%、53.38%、45.60%、34.68%、26.20%。

为研究轴压加载、卸载过程中含砾量对剪切模量的影响,绘制了剪切模量变化幅度—轴压关系曲线,变化幅度是指 30%与 0%含砾量试样剪切模量的差值与 0%含砾量试样剪切模量之比,如图 5-41 所示。

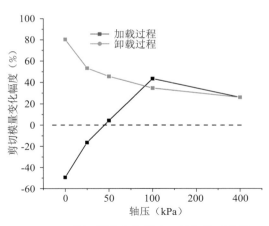

图 5-41 剪切模量变化幅度—轴压关系曲线

可以看出,加载过程中剪切模量变化幅度随着轴压的增大,由负值逐渐增大为正值后略有减小,该现象主要是含砾量与轴压对孔隙比的影响导致的;卸载过程中,随着卸载量的增大,含砾量对剪切模量的影响效果逐渐增大,从 26.20% 增大到 80.28%,平均值约 48.03%。

5.2.4 不同孔隙比滑带弯曲元试验

滑带小应变剪切模量与其孔隙比有明显的联系,而试样的孔隙比受应力状态及含砾量等因素的控制,在试验过程中是不断变化的。小应变剪切模量及孔隙比试验结果如表 5-1 所示。

表 5-1   孔隙比及剪切模量结果表

轴压 (kPa)	0%含砾量		10%含砾量		20%含砾量		30%含砾量	
	e	G_{max}(MPa)	e	G_{max}(MPa)	e	G_{max}(MPa)	e	G_{max}(MPa)
0	0.284	45.336	0.291	30.907	0.298	34.695	0.306	22.929
50	0.271	63.762	0.287	49.840	0.288	60.310	0.292	53.277
100	0.264	72.322	0.278	56.662	0.273	80.829	0.277	75.440
200	0.251	85.977	0.254	71.232	0.253	98.308	0.248	123.414
400	0.221	116.478	0.223	111.830	0.219	124.980	0.216	146.994
200	0.224	108.020	0.224	96.187	0.221	121.851	0.218	145.483
100	0.229	90.021	0.227	86.399	0.225	109.776	0.220	131.071
50	0.237	76.673	0.231	81.211	0.228	70.391	0.223	117.598
0	0.253	47.150	0.242	55.946	0.240	46.590	0.231	85.004

可以看出,不同含砾量下,试样的孔隙比与小应变剪切模量均为负相关,为更直观地研究孔隙比对剪切模量的影响,绘制了正常固结状态及超固结状态下剪切模量—孔

隙比关系曲线,如图 5-42 和图 5-43 所示。

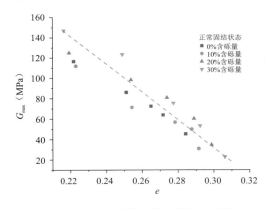 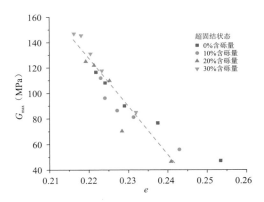

图 5-42　正常固结状态剪切模量—孔隙比　　　图 5-43　超固结状态剪切模量—孔隙比

关系曲线　　　　　　　　　　　　　关系曲线

可以看出,正常固结状态及超固结状态下,剪切模量与孔隙比基本是线性相关的,是因为孔隙比一定程度上决定了颗粒间的接触关系。正常固结状态较超固结状态的相关性更强,可能是由于应力历史改变了颗粒间的接触关系。因此,含砾量、固结应力及超固结状态等因素,都存在改变孔隙比的方式导致剪切模量变化。张钧[101]在砾性土的试验中,也得到了剪切模量随着孔隙比的增大而降低的结论。

5.2.5　不同饱和度滑带弯曲元试验

为研究饱和度对剪切模量的影响,绘制了剪切模量—饱和度关系曲线,如图 5-44所示。为了更加直观地比较饱和度对剪切模量的影响,定义当前饱和度下剪切模量与100％饱和度下剪切模量的比值为剪切模量之比,并绘制了剪切模量之比—饱和度关系曲线,如图 5-45 所示。

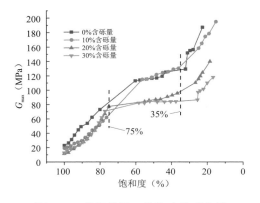 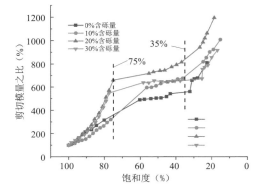

图 5-44　剪切模量—饱和度关系曲线　　　　图 5-45　剪切模量之比—饱和度关系曲线

由图可以看出：

（1）剪切模量随着饱和度的变化整体呈 S 形曲线，剪切模量随着饱和度的降低而增大，根据其增大速率可分为三个阶段，第一阶段与第三阶段的增大速率较快，中间的第二阶段增大速率较慢。

（2）100％饱和度的滑带平均剪切模量约 16.75MPa，随着饱和度的降低，其剪切模量迅速增大；当饱和度降低至 75％左右时，试样剪切模量平均值约 75.74MPa，是饱和状态的 452.18％。

（3）饱和度在 75％～35％时，剪切模量随着饱和度的减小而缓慢增大，饱和度为 35％时，试样剪切模量平均值约 111.75MPa，是饱和状态的 667.18％，剪切模量增大的速度明显减缓。

（4）饱和度低于 35％时，剪切模量再一次迅速增大，当饱和度为 20％时，试样剪切模量平均值约 153.43MPa，是饱和状态的 915.98％，剪切模量增大的速度显著增大。

（5）根据前人研究，失水过程可分为三个阶段：第一阶段为自由水阶段，该阶段主要受自由水控制，由于失水收缩，土体颗粒间的连接更加紧密，因此剪切模量迅速增大；第二阶段为结合水膜阶段，由自由水与弱结合水共同作用，此时颗粒间的连接变化较小，因此剪切模量缓慢增大；第三阶段为弱结合水阶段，主要受弱结合水控制，此时颗粒间的接触进一步加强，颗粒间作用力以物理化学力（范德华力、静电力等）为主，抵抗剪切变形的能力进一步增大，因此剪切模量再次迅速增大。

对于剪切模量与饱和度关系，Sawangsuriya 等[102]测试了砂土、淤泥土、黏土在不同饱和度下的小应变剪切模量，发现小应变剪切模量随着饱和度的降低而增大，并提出了两种模型将基质吸力与剪切模量联系起来；董全杨[103]测试了丰浦砂不同饱和度下的剪切波速，发现当试样由干燥状态转变为非饱和状态时，剪切波速突然降低，随后随着孔隙水压力系数 B 的增大而缓慢降低甚至不变，由于试验仅测试到孔隙水压力系数 B 为 0.8，所以未出现再次迅速降低的阶段。Dong 和 Lu[104]使用弯曲元测试了多种试样脱水过程中的剪切模量，并绘制了无压条件下试样体积含水率—小应变剪切模量关系曲线（图 5-46）。可以看出，其结果与本试验结果较为一致，在饱和度由 100％刚开始降低时，剪切模量迅速增大；随着饱和度的降低，其增大速率逐渐减小并趋于稳定；当饱和度降低至某个界限值时，其剪切模量又开始迅速增大，曲线整体趋向呈 S 形。

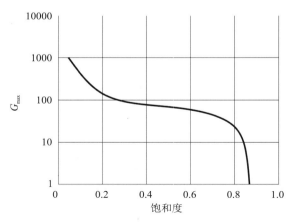

图 5-46　饱和度—土的饱和度关系曲线

5.3　滑带小应变剪切模量数学模型

由前文试验结果的分析可知,滑带小应变剪切模量与其轴压、超固结比、含砾量、孔隙比及饱和度存在明显的相互关系,可以通过拟合曲线的方法,建立各影响因素与小应变剪切模量的数学模型。

Hardin 和 Richart[105]在 1963 年首次提出针对砂土的剪切模量数学模型:

$$G_0 = A \times F(e) \times P_a^{1-n} \times (\sigma')^n \tag{5.1}$$

$$F(e) = \frac{(a-e)^2}{(1+e)} \tag{5.2}$$

式中:A 为经验常数,取决于土体类型;σ' 为有效围压,kPa;p_a 为参考压力,通常取 100kPa;n 为经验指数,大多研究者得到的经验值约 0.5;$F(e)$ 为孔隙比方程,反应砂土密度对剪切模量的影响;a 的值取决于土颗粒的形状,圆形砂土取值为 2.17,有研究者认为 a 的值与砂土试样的不均匀系数呈负相关。

不同研究者针对不同类型砂土采用了多种孔隙比方程,其他应用广泛的孔隙比函数形式有:

$$F(e) = e^{-x} \tag{5.3}$$

$$F(e) = \frac{1}{(0.3 + 0.7e^2)} \tag{5.4}$$

式中:x 为经验常数,其他参数意义同前文。

Hardin 考虑了土体超固结状态的影响,为公式引入了超固结比参数:

$$G_0 = OCR^k \times A \times F(e) \times P_a^{1-n} \times (\sigma')^n \tag{5.5}$$

式中:OCR 为超固结比;k 为经验常数;其他参数意义同前文。

从上述公式可以看出,Hardin 公式仅考虑了孔隙比、有效应力的影响,而实际剪切模量的影响因素远不止这两个。随后各研究者在 Hardin 公式的基础上,引入了其他影响因素或将无意义的拟合参数与影响因素相联系。例如,He 和 Senetakis[106] 使用类似 Hardin 公式的形式给出了再生混凝土骨料剪切模量的数学模型:

$$G_0 = F(e, C_u) \left(\frac{\sigma'}{p_a} \right)^n \tag{5.6}$$

式中:参数意义同前文。

该数学模型考虑了再生混凝土骨料级配不均匀系数对剪切模量的影响,将其加入了孔隙比方程之中;Senetakis 等[107]认为压力指数 n 与不均匀系数 C_u 及颗粒平均圆度 R_m 有关,且 n 随着 C_u 的增大而增大,随着 R_m 的增大而减小。

5.3.1 不同固结应力滑带小应变剪切模量计算模型

仅考虑固结应力影响时,根据 Hardin 公式,公式两侧取对数后,可以转化为:

$$\lg(G_0) = a + b \times \lg(\sigma') \tag{5.7}$$

式中:a、b 为经验常数;σ' 为固结应力。

a 与其他影响因素(含砾量、超固结比等)有关,b 为原 Hardin 公式中应力的指数 n,Hardin 和 Richart[105]认为在砂土中为 0.5,研究者们得到的结果多为 0~1;He 等在河沙的拟合公式中 n 值为 0.49;Senetakis 等[107]得到结果是天然石英砂为 0.47,采矿石英砂为 0.63,火山石英砂为 0.55;姬美秀[88]测试了海洋软土在不同有效固结应力下的剪切模量,发现其剪切模量与平均有效固结应力近似成正比,即 n 值为 1;赵宁[99]测试了黄土的剪切模量,得到的结果是 n 值为 0.996~1.191;陈云敏等[108]在石英质砂土的测试中拟合结果是 0.43;袁泉[91]在对砂土的测试中发现,n 值范围为 0.42~0.44。

以 0%含砾量试样为例,由图 5-47 可以看出,试样的剪切模量对数与轴压对数基本呈线性关系。对数据进行拟合后,得到图中的红色拟合曲线。拟合结果为 $a = 1.30164$,$b = 0.28574$。再将剪切模量对数与轴压对数曲线转换为剪切模量与轴压曲线,即:

$$G_0 = 10^a \times (\sigma')^b \tag{5.8}$$

式中:参数意义同前文。

从而获得更加直观的拟合效果,如图 5-48 所示。该拟合曲线的相关系数为 0.95967,说明整体的拟合度较好。拟合结果表明,0%含砾量滑带试样的剪切模量与轴压的 0.28574 次方成正比,与前人得到的结果类似。

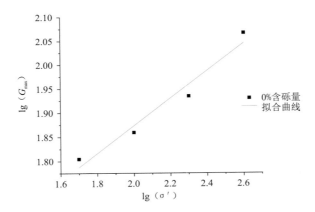

图 5-47 0％含砾量剪切模量对数—轴压对数关系曲线

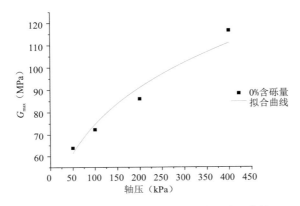

图 5-48 0％含砾量剪切模量—轴压关系曲线

对其他试样的结果进行同样的拟合,拟合结果如图 5-49 至图 5-54 所示,拟合参数如表 5-2所示。

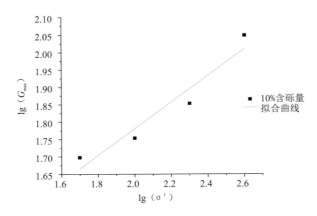

图 5-49 10％含砾量的剪切模量对数—轴压对数关系曲线

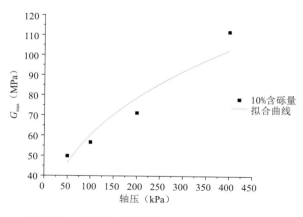

图 5-50　10%含砾量的剪切模量—轴压关系曲线

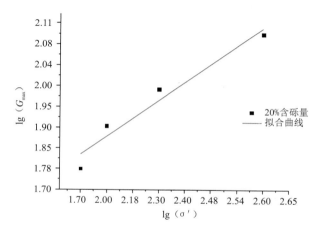

图 5-51　20%含砾量的剪切模量对数—轴压对数关系曲线

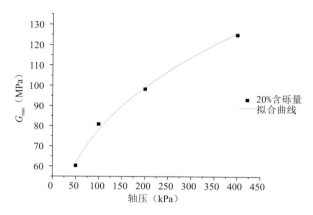

图 5-52　20%含砾量的剪切模量—轴压关系曲线

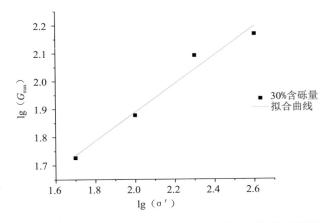

图 5-53　30％含砾量的剪切模量对数—轴压对数关系曲线

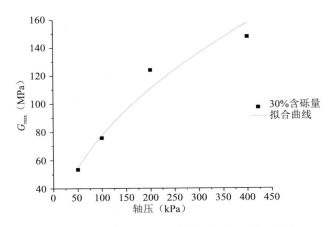

图 5-54　30％含砾量的剪切模量—轴压关系曲线

表 5-2　　　　　　　　　　　　　　　　　　拟合参数表

含砾量（％）	a	b	相关系数
0	1.30164	0.28574	0.95967
10	1.01483	0.38279	0.92929
20	1.20541	0.34361	0.99406
30	0.86839	0.51026	0.97181

由拟合结果可知：

（1）随着试样含砾量的增大，系数 a 呈减小的趋势，系数 b 呈增大的趋势，相关系数呈增大的趋势，说明该数学模型更适用于高含砾量试样。

（2）根据前人的数学模型，两系数 a、b 与其他影响因素有关，下文将进一步讨论其他因素的影响。

5.3.2 不同孔隙比滑带小应变剪切模量计算模型

上文仅考虑了轴压对剪切模量的影响,根据试验结果,试样孔隙比也会影响剪切模量,并在数学模型中通常以孔隙比方程的形式。在黏性土中常用的形式为:

$$F(e) = \frac{1}{(0.3 + 0.7e^2)} \tag{5.9}$$

式中:e 为孔隙比。

引入孔隙比方程,则剪切模量数学模型改为:

$$G_0 = a \times F(e) \times (\sigma')^b \tag{5.10}$$

式中:参数意义同前文。

将前文得到的系数 b 带入公式,根据试验结果进行拟合,结果如图 5-55 至图 5-58 所示,拟合参数如表 5-3 所示。

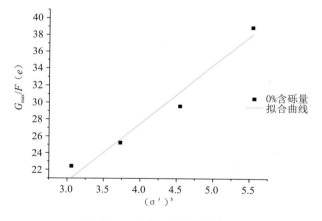

图 5-55 0%含砾量拟合曲线

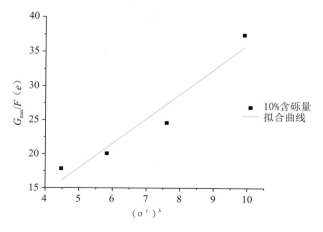

图 5-56 10%含砾量拟合曲线

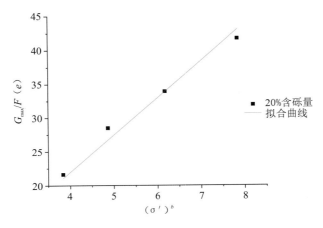

图 5-57   20%含砾量拟合曲线

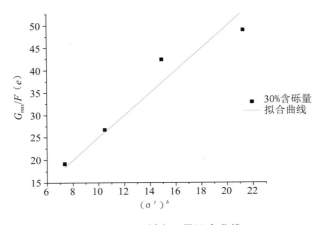

图 5-58   30%含砾量拟合曲线

表 5-3 拟合参数表

含砾量(%)	a	b	相关系数
0	6.87695	0.28574	0.99842
10	3.59518	0.38279	0.99463
20	5.49444	0.34361	0.99875
30	2.49474	0.51026	0.99157

由拟合结果可知,该孔隙比方程对滑带较为适用,数学模型中引入孔隙比方程后,其相关系数得到大幅度提升,可见孔隙比对小应变剪切模量的影响较大,根据前文分析,固结应力、超固结状态、含砾量等因素均可以通过改变孔隙比的方式间接影响剪切模量,因此孔隙比方程的使用对数学模型至关重要。

5.3.3 不同含砾量滑带小应变剪切模量计算模型

由前文拟合结果可知,不同含砾量试样的数学模型系数不同,且随着含砾量的变化而呈现一定的规律。由图 5-59 可知,含砾量对数学模型系数 a、b 均有显著影响。其中 a 值随着含砾量的增大呈减小的趋势,b 值随着含砾量的增大呈增大的趋势。因此需要确定数学模型中的系数与含砾量的关系,从而进一步完善数学模型。

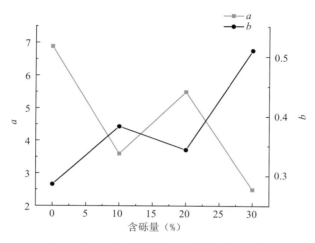

图 5-59　数学模型系数—含砾量关系曲线

分别求得拟合参数 a、b 与含砾量 g_c 的拟合公式,如图 5-60 和图 5-61 所示。

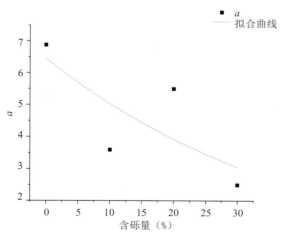

图 5-60　系数 a—含砾量关系曲线

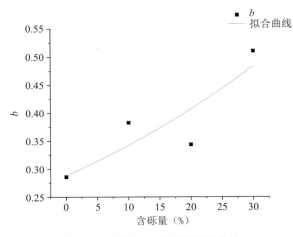

图 5-61　系数 b—含砾量关系曲线

参数 a 与含砾量 g_c 的拟合公式为：

$$a = 6.451 \times \exp(-2.491 \times g_c) \tag{5.11}$$

式中：g_c 为含砾量。

参数 b 与含砾量 g_c 的拟合公式为：

$$b = 0.2879 \times \exp(1.733 \times g_c) \tag{5.12}$$

式中：g_c 为含砾量。

带入前文的数学模型可得：

$$G_0 = 6.451\exp(-2.491g_c) \times F(e) \times (\sigma')^{0.2879\exp(1.733g_c)} \tag{5.13}$$

式中：参数意义同前文。

5.3.4　不同超固结比滑带小应变剪切模量计算模型

由前文试验结果分析可知，超固结状态对滑带剪切模量影响效果显著。根据前人的公式，引入超固结比：

$$G_0 = OCR^k \times 6.451\exp(-2.491g_c) \times F(e) \times (\sigma')^{0.2879\exp(1.733g_c)} \tag{5.14}$$

式中：OCR 为超固结比；k 为经验常数；其他参数同前文。

通过对比正常固结与超固结状态下的剪切模量，求得参数 k，如图 5-62 至图 5-64 所示。

由于 20％含砾量拟合曲线相关性较差，所以未计入。拟合结果如表 5-4 所示。

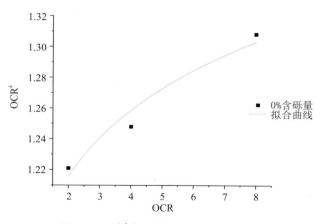

图 5-62 0%含砾量超固结比参数拟合

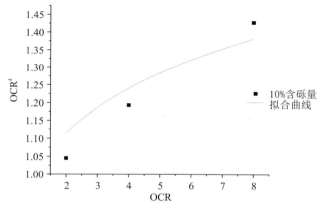

图 5-63 10%含砾量超固结比参数拟合

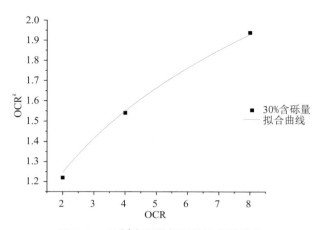

图 5-64 30%含砾量超固结比参数拟合

表 5-4 拟合参数表

含砾量（%）	k	相关系数
0	0.0503	0.95786
10	0.15535	0.87802
30	0.31598	0.99696

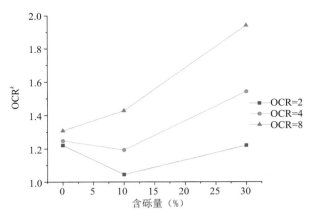

图 5-65 超固结比影响效果—含砾量关系曲线

由图 5-65 可知，滑带超固结比对剪切模量的影响与含砾量有关，所以需要进一步拟合系数 k 与含砾量 g_c，如图 5-66 所示。

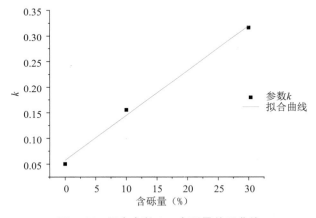

图 5-66 拟合参数 k—含砾量关系曲线

可知，参数 k 与含砾量成正比，拟合曲线相关系数为 0.99512，参数 k 与含砾量的拟合公式为：

$$k = 0.05737 + 0.87382g_c \tag{5.15}$$

式中：参数意义同前文。

所以引入超固结比参数后，数学模型为：

$$G_0 = OCR^{0.05737+0.87382g_c} \times 6.451\exp(-2.491g_c) \times F(e) \times (\sigma')^{0.2879\exp(1.733g_c)} \tag{5.16}$$

式中：参数意义同前文。

以 20%、30%含砾量为例，拟合曲线与实测值对比如图 5-67 所示，可见拟合曲线的拟合效果较为理想。

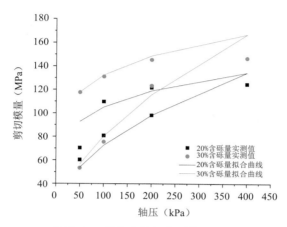

图 5-67　拟合曲线与实测值对比图

5.3.5　不同饱和度滑带小应变剪切模量计算模型

前文讨论的各种影响因素均在饱和状态下，实际岩土体中往往存在不同饱和度的区域。非饱和状态下，由于毛细力、基质吸力等的作用，其力学性质较干燥及饱和状态复杂得多。多数研究者利用土水保持曲线来建立土体剪切模量与基质吸力之间的非线性关系。但基质吸力的获取方法较为困难，因此仅考虑较容易获取的饱和度的影响。将饱和度引入数学模型：

$$G_0 = G_{sat} \times F(s) \tag{5.17}$$

式中：G_{sat} 为饱和状态下试样的剪切模量；$F(s)$ 为饱和度方程；s 为饱和度。

饱和度方程拟合曲线如图 5-68 所示，拟合曲线相关系数为 0.9078，拟合公式为：

$$F(s) = 86.02\sin(0.108s + 3.013) + 0.8975\sin(10.13s + 1.031) \tag{5.18}$$

式中：参数意义同前文。

综合上文各公式，滑带剪切模量最终的数学模型为：

$$\begin{cases} G_0 = G_{sat} \times F(s) \\ G_{sat} = F(e) \times a \times (\sigma')^b \times OCR^k \\ F(e) = \dfrac{1}{(0.3 + 0.7e^2)} \\ a = 6.451 \times \exp(-2.491 \times g_c) \\ b = 0.2879 \times \exp(1.733 \times g_c) \\ k = 0.05737 + 0.87382 \times g_c \\ F(s) = 86.02\sin(0.108s + 3.013) + 0.8975\sin(10.13s + 1.031) \end{cases} \quad (5.19)$$

式中:参数意义同前文。

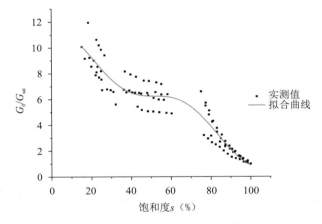

图 5-68　饱和度方程拟合曲线

第 6 章 滑带的固结与剪切蠕变试验

6.1 不同固结状态下滑带的蠕变试验

蠕变特性是滑坡滑带的重要力学性质之一,国内外学者对滑坡滑带的蠕变特性和蠕变模型进行了大量的理论与试验研究,在蠕变理论和工程实践上取得了显著的成就。蠕变模型有数百种,比较适合描述滑带蠕变特性的有 Mesri 模型、Burgers 模型、Singh-Mitchell 模型等,各种模型有各自的特点,适用于不同的工况和应力状态。其中,Burgers 蠕变模型用来描述土第三阶段以前的剪切蠕变曲线较好,且已获得广泛的应用。

滑坡的变形演化和稳定性受到内、外因素的共同作用,内因包括滑带的矿物成分、颗粒级配、微观结构等因素,外因包括降雨、库水位升降和人类搬迁等地面荷载,后者是滑坡滑动的主要诱发因素。目前,滑带的蠕变特性研究通常采用单一加载路径进行蠕变试验,研究成果较少涉及在不同固结状态下滑带的蠕变特性。然而,以三峡库区黄土坡滑坡和藕塘滑坡为代表的滑坡采取移民搬入和避险搬出等措施,由此可见,研究滑带在加载—卸载或是加载—卸载—再加载下的蠕变特性十分必要。

6.1.1 试验方案

本次试验所用滑带取自三峡库区巴东县黄土坡滑坡临江 1# 崩滑体的滑带。滑体上钻孔和滑坡内试验隧洞揭露的滑带显示,滑带处于饱和状态,且滑带上、下表面均排水。根据原位滑带的埋深、密度和含水率,室内配制滑带重塑样。将制备好的滑带环刀样放在真空饱和缸中抽真空 5h,再注入去离子水饱和 48h,然后分别开展加载、加载—卸载和加载—卸载—再加载固结状态下的常规剪切试验和剪切蠕变试验,加载过程如图 6-1 所示。首先对试样进行固结,分别达到孔隙比 e_1、e_2 和 e_3,然后开始进行慢剪试验(0.02mm/min)或施加不同水平剪力(τ_1、τ_2、τ_3、$\cdots$)进行蠕变试验。

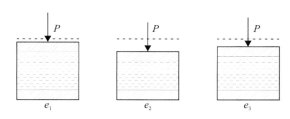

（a）加载—卸载—再加载后孔隙比

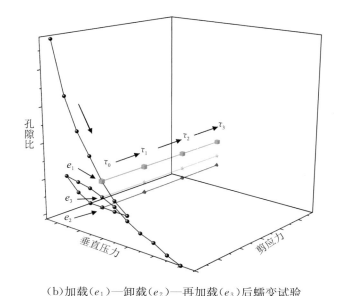

（b）加载（e_1）—卸载（e_2）—再加载（e_3）后蠕变试验

图 6-1　加载—卸载—再加载状态和蠕变试验

　　鉴于三峡库区黄土坡滑坡复杂的演化过程和移民避险搬迁的实际情况，本试验研究了不同先期固结状态下滑带的剪切蠕变特征。将滑带的固结状态从四个方面进行讨论：①单向固结到滑带所受的应力状态，以埋深 30m 为例，$\sigma_3 = 600$kPa，这也是大部分研究人员采用的固结方式；②1982 年湖北省政府批准黄土坡作为巴东县新城区展开建设，于是开始大面积堆填、平整、盖房，考虑到局部填方高度达 8～10m，再加上楼房荷载，综合取值为 $\sigma_3 = 800$kPa；③2008 年 4 月，国家明确了黄土坡整体避险搬迁的方案，搬迁人口为 1.57 万，再考虑到黄土坡试验隧道的修建和库水位的升降，最小荷载综合取值 $\sigma_3 = 400$kPa；④随着巴东旧城的拆迁和巴东新城的建设，大量的建筑垃圾又堆放到了黄土坡滑坡上，于是根据滑带的埋深和避险搬迁的实际情况，综合确定避险搬迁后的垂直应力为 $\sigma_3 = 600$kPa，这个压力也可与未进行加载—卸载前黄土坡滑坡滑带的应力相比较。三种试验最终的垂直固结压力相同，但是固结过程不一样，具体试验方案如表 6-1 所示。

试验时,室内温度控制在 25℃,安装好饱和滑带试样、垂直和水平位移传感器、压力传感器,对于不同加载、卸载、再加载路径,当正应力达到 600kPa,垂直位移不大于0.005mm/h 后,开始进行慢剪试验或分级施加剪切应力进行蠕变试验。每个试样的剪应力分 5~6 级加载,需在前一级位移稳定后再加载下一级剪应力,直至试样发生蠕变破坏。蠕变位移稳定判别标准为每级剪切应力加载后观测时间不小于 5d,且水平位移变化的平均值不大于 0.002mm/d。在对试样进行固结和蠕变试验时,用湿棉纱围住加压帽,降低环境对试样含水率的影响。每种应力状态下的试验进行 3 组。

表 6-1　　　　　　　　　　　　　　**饱和滑带的剪切蠕变试验方案**

样品编号	固结路径(编号)	固结后孔隙比	试验类型
S-C-01	0-600kPa(Ⅰ)	0.271~0.277	蠕变
S-C-04			慢剪
S-C-02	0-800-600kPa(Ⅱ)	0.257~0.261	蠕变
S-C-05			慢剪
S-C-03	0-800-400-600kPa(Ⅲ)	0.260~0.263	蠕变
S-C-06			慢剪
S-C-07	0-600-0-600kPa(Ⅳ)	0.272~0.273	蠕变
S-C-08			慢剪

滑带取自三峡库区黄土坡滑坡 3# 支洞试验平洞,如图 6-2(a)所示。剪切蠕变试验采用中国地质大学(武汉)土力学试验室的 DZR-8 型蠕变直剪仪,如图 6-2(b)所示,该仪器由数据采集系统、垂直加载和水平加载系统构成。垂直加载—卸载由加减砝码控制,水平加载由油压驱动水平活塞控制。垂直和水平位移由位移传感器采集,水平剪力由压力传感器采集,数据采集时间间隔为 10s。DZR-8 型蠕变直剪仪长期稳压效果良好,最小数据采集时间间隔与精度均满足规范要求,可以较真实地采集到滑带在加载—卸载—再加载过程中的应力—应变相关数据,满足本次试验要求。试验完成后,对试样进行拍照、素描。

　　　　　(a)滑带取样　　　　　　　　　　　(b)DZR-8 型蠕变直剪仪

图 6-2　滑带与试验仪器

6.1.2 试验结果与分析

（1）滑带的固结特征分析

滑带的固结试验分三种路径进行，第一种是模拟滑带实际受到的自重应力。室内试验时，固结压力的施加顺序是 50kPa、100kPa、200kPa、300kPa、400kPa、500kPa、600kPa，以试样垂直变化速率不大于 0.005mm/h 认为稳定。第二种是模拟避险搬迁前后滑带的应力状态，加载时最大加载到 800kPa，然后卸压至 600kPa，室内试验时，固结压力的施加顺序是 50kPa、100kPa、200kPa、300kPa、400kPa、500kPa、600kPa、700kPa、800kPa、700kPa、600kPa。第三种是模拟黄土坡滑坡上开挖试验隧道、修路、堆积建筑垃圾前后的应力状态。试验时，固结压力的施加顺序是 50kPa、100kPa、200kPa、300kPa、400kPa、500kPa、600kPa、700kPa、800kPa、700kPa、600kPa、500kPa、400kPa、500kPa、600kPa。为了与前两种工况进行对比，第三种工况先回弹再加载至 600kPa。这样，三种工况下最终的固结压力都是 600kPa，但是固结路径不一样，固结稳定后的孔隙比分别为 e_1、e_2 和 e_3。由于黏性土的孔隙比—有效应力—抗剪强度存在唯一性关系，因此在进行蠕变分析前，应对孔隙比的变化特征进行分析。

以某一组试验数据的 e—p 曲线为例，由图 6-3 可见，单一加载至 600kPa 时，滑带的压缩量最小，孔隙比最大，约为 0.277。加载至 800kPa 后再卸载至 600kPa 时，滑带的压缩量最大，孔隙比最小，约为 0.261。加载至 800kPa 后卸载至 400kPa，再加载至 600kPa 时，滑带的压缩量介于上述二者之间，孔隙比约为 0.263。这说明加载、卸载、再加载状态严重影响滑带的最终孔隙比。根据滑带的 e—p 关系曲线，可以计算出滑带的压缩系数 a_{1-2} 在 0.37~0.45MPa^{-1}，属于中压缩性土。滑带的压缩模量 $E_{s(1-2)}$ 在 3.0~3.6MPa。

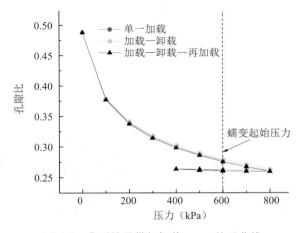

图 6-3　典型的滑带加卸载 e—p 关系曲线

（2）蠕变位移—时间变化规律

在开展蠕变试验前，先开展饱和滑带在垂直压力为 400kPa、600kPa 和 800kPa 下的慢剪试验，获得有效抗剪强度指标。以垂直压力为 600kPa 下的抗剪强度作为极大值，蠕变剪切荷载分级施加，每级剪切荷载的持续时间为 5d，剪切蠕变设计如图 6-4 所示。

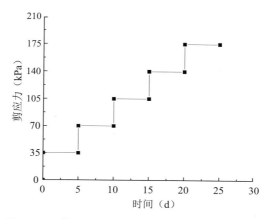

图 6-4　滑带剪切蠕变剪应力—蠕变时间关系曲线

不同固结状态下的剪切蠕变曲线如图 6-5 所示。可知，在各级水平剪应力下，蠕变曲线均表现出衰减蠕变和稳态蠕变。随着剪切应力的增加，水平位移有递增的趋势，衰减蠕变时长逐渐增加，稳态蠕变的速率逐渐增长。图 6-6 为不同加载、卸载、再加载路径下衰减蠕变时长曲线，可见随着剪应力的增加，衰减蠕变所需时间越长。在单一加载工况下，滑带孔隙比最大，所以各级剪应力下衰减蠕变所需时间最长。在加载—卸载工况下，滑带孔隙比最小，固结最好，所以各级剪应力下衰减蠕变所需时间最短。

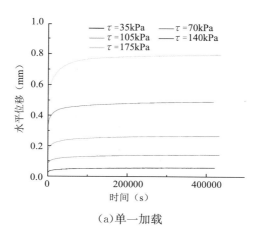

（a）单一加载

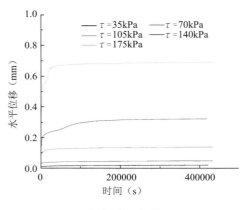

（b）加载—卸载

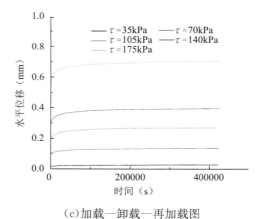

（c）加载—卸载—再加载图

图 6-5 不同固结状态下的蠕变曲线

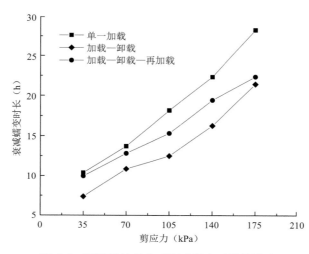

图 6-6 不同固结状态对衰减蠕变时长的影响

（3）蠕变速率变化规律

各级剪应力下滑带的蠕变曲线均包括衰减蠕变过程和稳态蠕变过程。在衰减蠕变过程中,应变速率一直在减小,在较低的剪应力($\tau=35kPa$、$70kPa$ 和 $105kPa$)下,应变速率会衰减到一个接近于零的常数;在较高的剪应力($\tau=140kPa$ 和 $175kPa$)下,应变速率会衰减到一个较大的常数,这个常应变速率就是蠕变第二阶段,稳态蠕变阶段的应变速率,其数值的大小可反映滑坡的整体运动速率。图 6-7 为不同剪应力下的稳态蠕变速率,可以看出,$35kPa$ 水平剪切应力状态下的稳态蠕变速率接近零。水平剪应力相同时单一加载条件下稳态蠕变应变速率最大,加载—卸载工况下稳态蠕变应变速率最小,这是由于在加载—卸载工况下,滑带相当于超固结土。

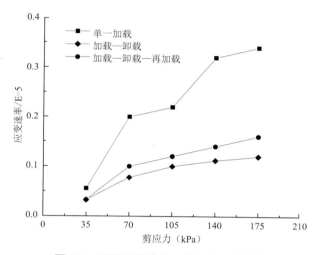

图 6-7　不同固结状态对应变速率的影响

（4）等时蠕变曲线

单一加载、加载—卸载、加载—卸载—再加载下滑带的等时蠕变曲线如图 6-8 所示。可知,应力—应变等时曲线是非线性的,说明滑带的剪切应力水平影响着滑带的非线性蠕变程度。应力—应变等时曲线上有一曲率半径最小的点($\tau=105kPa$),对于重塑滑带来说,为其屈服应力。在水平剪应力小于 $105kPa$ 时,等时曲线接近线性增加,说明此前滑带的蠕变以弹性应变为主;当水平剪应力大于 $105kPa$ 时,等时曲线出现明显的拐点,说明此后滑带的蠕变以黏塑性应变为主。

（5）不同蠕变时间的影响

前面研究了蠕变时间为 5d 时滑带的蠕变特性,但有时由于堆载速率过快或短时暴雨,导致剪切力短时间内快速上升,此时滑带的蠕变规律是否与前面研究结果相似尚无法确定,针对这一问题,作者进一步研究滑带加载—卸载—再加载后蠕变时间为 1d 时的蠕变特性,蠕变试验曲线如图 6-9 所示。以 $\tau=175kPa$(τ_5 和 τ_1 分别表示蠕变时间为 5d 和 1d 的剪应力)为例,滑带在经历 1d 剪切蠕变水平位移(0.558mm)和稳态蠕变速率(0.004mm/d)小于经历 5d 剪切蠕变水平位移(0.679mm)和稳态蠕变速率(0.026mm/d),可知滑带的稳态蠕变时间越长,滑带的剪切蠕变量越大。

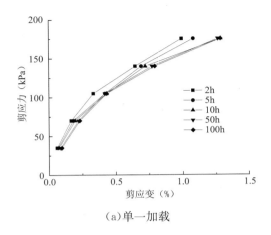

(a)单一加载

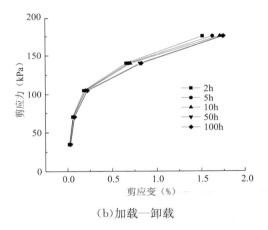

(b)加载—卸载

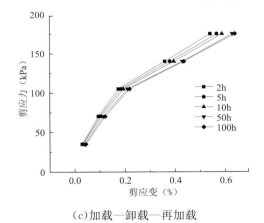

(c)加载—卸载—再加载

图 6-8　不同固结状态对等时曲线的影响

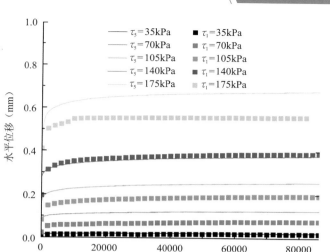

图 6-9 不同蠕变时间对蠕变曲线的影响

（6）加载—卸载对蠕变曲线的影响

加载—卸载的过程改变了滑带骨架结构、孔隙比和剪切模量等参数。为了研究不同加载—卸载条件对滑带的蠕变曲线的影响，分别开展了 0-800-600kPa 和 0-600-0-600kPa 的加载—卸载试验，如图 6-10（a）所示。可知，加载—卸载—再加载到 600kPa 后的孔隙比要大于加载—卸载到 600kPa 后的孔隙比，导致滑带的衰减蠕变和稳态蠕变均大于超固结土，如图 6-10（b）所示（τ_8 和 τ_0 分别表示Ⅱ和Ⅳ固结状态下的剪应力）。

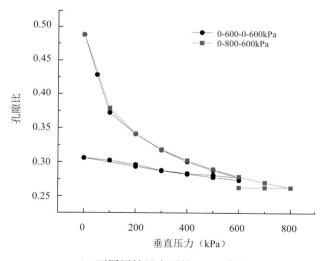

（a）不同固结压力下的 $e—p$ 曲线

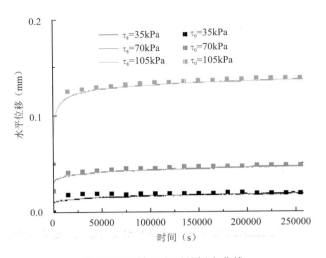

（b）不同固结压力下的蠕变曲线

图 6-10　不同加载—卸载条件下的蠕变曲线

6.2　不同固结加卸载幅度下滑带的蠕变试验

为了研究固结应力对黄土坡滑坡滑带蠕变特性的影响，选择滑带分别在 300kPa、300-400-300kPa、300-500-300kPa、300-600-300kPa 的应力路径下固结稳定后，开展直剪蠕变试验，得到剪切位移随时间变化的阶梯状曲线，为了能更直观地描绘滑带蠕变特性，根据"陈氏加载"的坐标平移处理法对试验数据进行处理，得到不同剪切应力下的蠕变特征曲线。

6.2.1　滑带的蠕变—时间关系曲线

图 6-11 为不同固结路径下滑带的蠕变剪切位移随时间的变化曲线，图中为剪应力较低时剪切位移—时间关系曲线。σ 为竖向应力，N 为竖向应力加载—卸载的循环次数。可以看出：

（1）随着剪应力的增加，滑带蠕变曲线明显地显示了衰减蠕变和稳态蠕变阶段，加速蠕变未表现出来。在 25kPa 的剪应力作用下，只有瞬时变形；剪应力为 50kPa 时，试验曲线出现了衰减蠕变特征；剪应力为 100kPa 时，滑带的蠕变速率衰减至一常值，曲线表现出了稳态蠕变特征。

（2）在各个剪应力作用瞬间，试样均产生了瞬时变形，瞬时变形量、蠕变至稳定所需的时间均随着剪应力的增加而增加。固结应力为 300kPa 时，剪应力为 25kPa、50kPa、75kPa、100kPa、125kPa 时，所产生的瞬时变形量分别为 0.006mm、0.04mm、0.1mm、0.34mm、2.3mm；蠕变达到稳定所需要的时间分别为 1min、180min、420min、600min、1200min。

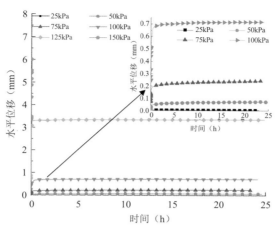

（a）$\sigma=300\text{kPa}$

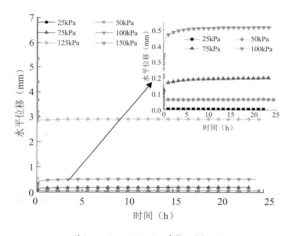

（b）$\sigma=300\text{-}400\text{-}300\text{kPa}，N=1$

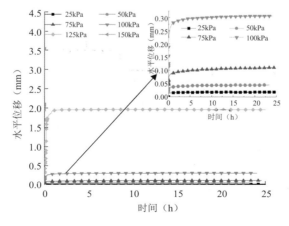

（c）$\sigma=300\text{-}500\text{-}300\text{kPa}，N=1$

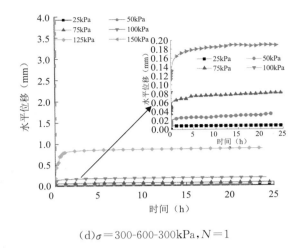

(d)σ=300-600-300kPa,N=1

图 6-11　不同固结路径下滑带蠕变曲线

　　为了研究竖向应力历史对滑带的蠕变影响,绘制了不同固结路径下滑带的蠕变曲线(图 6-12)。

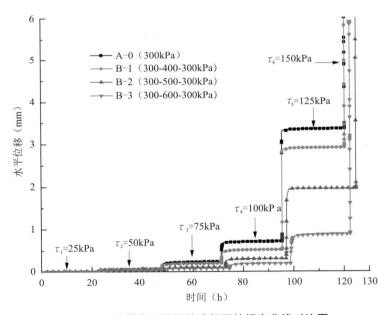

图 6-12　滑带在不同固结路径下的蠕变曲线对比图

　　可以看出,四个试样的蠕变趋势一致。其中在 τ 为 25kPa、50kPa 时,蠕变位移较小(<0.1mm),各曲线之间相差较小,固结应力路径对各个试样蠕变位移的影响变化不明显;在 τ 为 75kPa 时,A-0、B-1、B-2、B-3 号试样蠕变位移依次减小,分别为 0.25mm、0.18mm、0.11mm、0.07mm,B-1、B-2、B-3 号试样的剪切位移相对降低了

28%、56%、73%；$\tau=100\text{kPa}$ 时，A-0、B-1、B-2、B-3 号试样的剪切位移分别达到 0.7mm、0.5mm、0.29mm、0.2mm，B-1、B-2、B-3 号试样的剪切位移相对降低了 28%、44%、72%；$\tau=125\text{kPa}$ 时，A-0、B-1、B-2、B-3 号试样的剪切位移分别达到 3.39mm、2.89mm、1.94mm、0.9mm，B-1、B-2、B-3 号试样的剪切位移相对降低了 14%、42%、70%；表明随着幅度 R 的增加，同一剪切力对试样蠕变的影响越来越大。在幅度 $R=100\text{kPa}$(B-1)时，随着剪应力的增加(75kPa、100kPa、125kPa)，蠕变稳定后的位移相对降低 56%、44%、42%；表明剪切力的增加会减缓这种影响。在剪应力 τ 为 150kPa，四个试样都已剪至破坏阶段。

6.2.2 滑带的剪应力—应变等时曲线

为了更直观地表述滑带的蠕变特性，根据试验结果得到施加某一级剪切应力相同时间所对应的剪应变，绘制滑带的剪应力—应变等时曲线，如图 6-13 所示。在不同试样的蠕变曲线中，不同时刻点的剪应力—应变关系曲线的变化趋势大致相同，且曲线都是非直线的，表明滑带的直剪蠕变是非线性的。

(1)应变随着剪应力的增加而增大，并逐渐偏向应变轴，且偏离程度随着剪应力的增加而显著，表明滑带的蠕变为非线性流变。剪应力较低时($\tau=25\text{kPa}$、50kPa、75kPa)，应力应变曲线大致呈直线，主要为弹性应变；随着剪应力的增大($\tau=100\text{kPa}$)，应力应变曲线开始呈曲线向应变轴偏离，开始表现出黏塑性特性。

(2)等时曲线随着时间的延长而偏向应变轴，且最终逐渐聚拢在一起。表明随着时间的增加，滑带的非线性流变特征越显著。在同一级剪应力作用下，剪应变最终会收敛至一极限值，表明其为衰减蠕变。$\tau=100\text{kPa}$ 时，$t=1\text{min}$ 的应变为 0.49%，$t=5\text{min}$ 的应变为 0.91%，随着时间的增加，最终趋于一极限值 1.2%。

(3)剪应力—应变等时曲线上有一明显的拐点，该点前后曲线斜率发生了较大的变化，一般称该点所对应的剪应力为屈服强度，即长期强度。通过数值软件对该点前后的应力应变曲线进行回归分析。在图 6-13(a)中，等时曲线在第三级 $\tau=75\text{kPa}$ 时发生明显的转折，前三级线性拟合后与应变轴的夹角 $\alpha=82°$；在图 6-13(b)和(c)中，拐点在 75~100kPa，并逐渐向 100kPa 靠近；图 6-13(d)中，可以看到，长期强度已经达到第四级 $\tau=100\text{kPa}$。且随着幅度 R 的增加，拐点前的线性流变部分和应变轴的夹角愈来愈大，表明剪切模量越来越大。

图 6-14 为循环次数 $N=1$ 的情况下，固结路径不同时的剪应力—应变等时关系曲线，可以看出，剪应变不仅随着剪应力的增大而增大，也随幅度 R 的减小而增大；等时曲线随着幅度 R 的减小而愈发地向应变轴弯曲，所以滑带直剪蠕变的非线性水平随着加载—卸载幅度 R 的减小而增强。

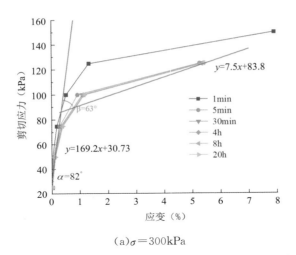

（a）$\sigma = 300\text{kPa}$

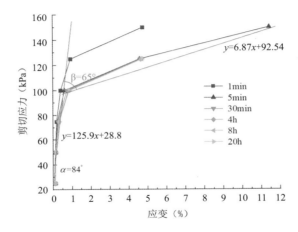

（b）$\sigma = 300\text{-}400\text{-}300\text{kPa}$，$N = 1$

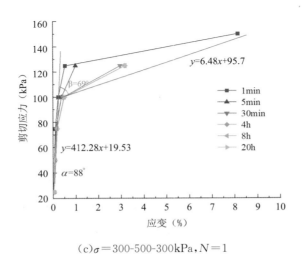

（c）$\sigma = 300\text{-}500\text{-}300\text{kPa}$，$N = 1$

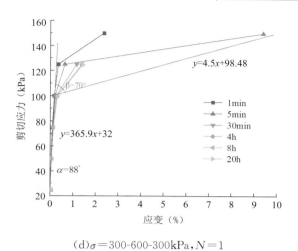

(d)$\sigma=300\text{-}600\text{-}300\text{kPa},N=1$

图 6-13　不同固结路径下的剪应力—应变等时曲线

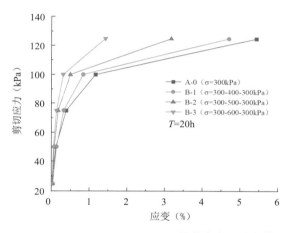

图 6-14　$N=1,R=0\text{-}300\text{kPa},T=20\text{h}$ 的剪应力—应变等时曲线

6.2.3　滑带的蠕变速率分析

　　为了分析滑带在不同固结路径下的剪切蠕变特性,对直剪蠕变数据进一步处理,绘制蠕变过程中剪应变速率—时间关系曲线,如图 6-15 所示。可以看出,剪应变速率—时间关系曲线变化规律相似。在同一固结路径作用下,施加各级剪应力后,剪应变速率都在加载的瞬间开始增大,3min 左右应变速率达到最大值,之后随着施加荷载持续时间的增加,剪应变速率呈不断减小的变化趋势,最终以接近零的速率蠕变趋于稳定。

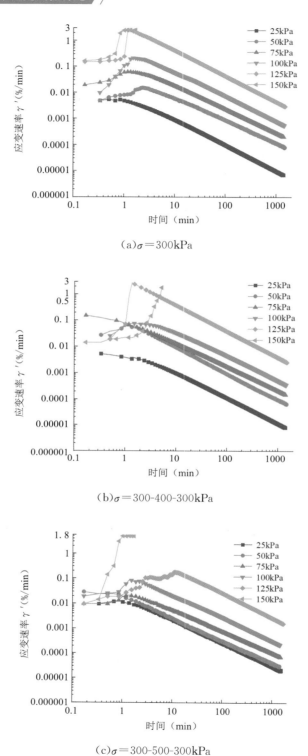

（a）$\sigma = 300$kPa

（b）$\sigma = 300\text{-}400\text{-}300$kPa

（c）$\sigma = 300\text{-}500\text{-}300$kPa

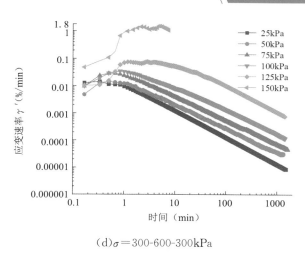

(d)σ＝300-600-300kPa

图6-15 不同固结路径下滑带速率曲线

随着各级剪切应力的不断增大,该阶段滑带蠕变的应变速率都有所提升。τ＝25kPa时,最大应变速率为0.0053％/min;τ＝50kPa时,最大应变速率增大到0.0152％/min;τ＝75kPa时,最大应变速率增大到0.0618％/min;τ＝100kPa时,最大应变速率增大到0.2058％/min;τ＝125kPa时,最大应变速率增大到2.502％/min。且可以大致看出,随着剪应力的增大,应变速率随着时间变化而减小得越慢。这表明剪应力越大对蠕变的应变影响就越大,且试样蠕变速率达到稳定需要的时间也越长。

滑带加载—卸载的幅度R越大,在同一剪应力作用下,剪应变速率越小。为了能更直观地描述这种现象,根据试验结果绘制了τ＝100kPa、τ＝125kPa时不同固结路径下滑带的应变速率图。图6-16中,A-0、B-1、B-2、B-3号试样的应变速率在整体趋势变化相似,都是先增大后减小,其最大应变应变速率分别为0.2125％/min、0.075％/min、0.081％/min、0.029％/min;图6-17中,τ＝125kPa时,A-0、B-1、B-2、B-3号试样的最大应变速率分别为2.52％/min、2.61％/min、0.177％/min、0.035％/min。且试样的剪应变速率整体上都随着加—卸载幅度R的增大而降低。这主要是由于饱和试样在固结时,固结路径中所承受的竖向应力越大,土粒之间压缩得越密实,土体孔隙比就越小,反映在剪切时的应变速率上就越小。所以滑带蠕变的应变速率变化受固结路径、剪应力等因素共同影响。

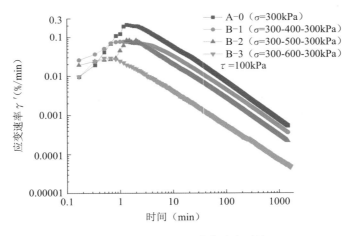

图 6-16 τ＝100kPa 应变速率对比

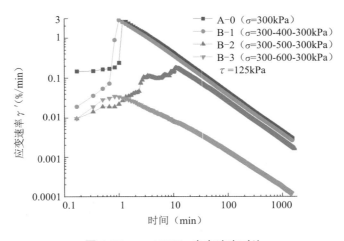

图 6-17 τ＝125kPa 应变速率对比

6.3 不同固结循环次数下滑带的蠕变试验

6.3.1 滑带的蠕变过程及蠕变—时间关系曲线

图 6-18 为滑带试样在竖向应力加载—卸载的不同循环次数下进行固结,通过直剪蠕变试验得到的剪切位移—时间关系曲线。结果表明,剪切位移与时间(剪应力)的变化特征具有相似的特点。在各级剪应力作用下,试样先发生瞬时变形,之后剪应变随着时间的延长呈不断衰减的变化趋势,直至变形速率趋于接近零的常数。剪切位移随着剪应力的增加而增加,施加的剪应力越大,蠕变位移变形量越大,直至破坏。

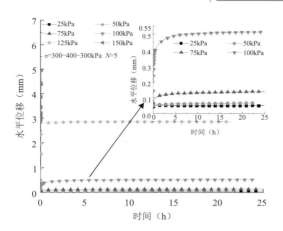

（a）$\sigma=300$-400-300，$N=5$

（b）$\sigma=300$-400-300，$N=20$

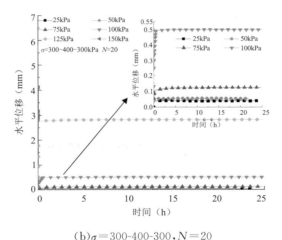

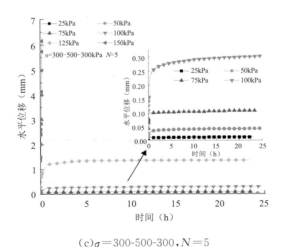

（c）$\sigma=300$-500-300，$N=5$

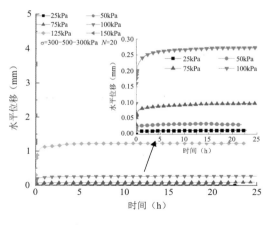

（d)$\sigma=300\text{-}500\text{-}300,N=20$

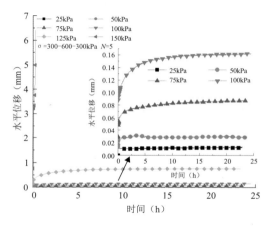

（e)$\sigma=300\text{-}600\text{-}300,N=5$

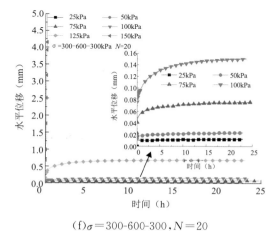

（f)$\sigma=300\text{-}600\text{-}300,N=20$

图 6-18　不同循环次数下滑带的蠕变曲线

为了更清楚地描述竖向应力加载—卸载循环次数对滑带蠕变特性的影响,根据试验结果分别绘制了不同竖向应力加载—卸载循环次数下剪切蠕变位移的曲线(图 6-19)。结果表明,随着加载—卸载循环次数 N 的增加,在相同的剪应力作用下,滑带的蠕变位移相应地减小。剪应力 $\tau=50$kPa、75kPa、100kPa 时,B-1 试样的蠕变位移是 0.045mm、0.11mm、0.307mm;B-2 试样的蠕变位移分别是 0.043mm、0.108mm、0.3mm;B-3 号试样的蠕变位移分别是 0.031mm、0.097mm、0.273mm。相似的变化规律在其他两组中也有所体现。同时可以看到,随着循环次数 N 的增加,同一剪应力作用时,蠕变位移的减小值呈衰减式的增加。由此说明,由固结应力加载—卸载的循环次数引起的试样孔隙比变化对滑带的蠕变位移影响较大。

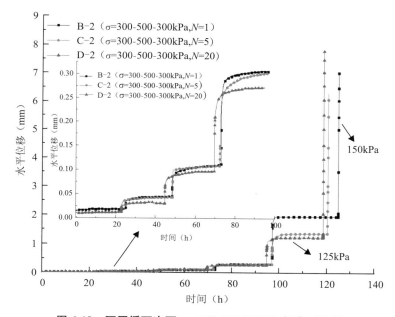

图 6-19 不同循环次下 $\sigma=300\text{-}500\text{-}300$kPa 蠕变对比图

6.3.2 滑带的剪应力—应变等时曲线

图 6-20 为不同竖向应力历史下滑带的剪应力—应变等时曲线。从图中可以看出,这些曲线在不同竖向应力、各级剪应力的共同作用下具有相同的变化特征:

(1)等时曲线随着时间的变化而偏向应变轴,且逐渐趋于某一曲线($T=20$h),表明在各级剪应力作用下,土体蠕变的位移值最终趋于一稳定值,且随着剪应力的增大,蠕变趋于稳定所需的时间也越来越长。表明滑带蠕变具有明显的时间效应。

(2)等时曲线随着剪应力的增大而逐渐向应变轴偏离,剪应力较小时($\tau=25\sim80$kPa),曲线呈线性变化,斜率较大,应变增加速率较慢;剪应力增大时($\tau=100$kPa、

125kPa),曲线开始呈非线性变化,斜率逐渐开始减小,应变值增长速率明显变大,土体处于速率较小的等速蠕变状态。

(3)在等时曲线簇中都有一个拐点,曲线斜率在该拐点前后有着明显的变化。称该点对应的剪应力为屈服强度临界值。通过对比拐点可以发现,随着加载—卸载幅度 R 的增大,滑带的长期强度有所提升。如幅度 $R=100$kPa 时,滑带的长期强度为$80\sim100$kPa;$R=200$kPa 时,长期强度为 $100\sim120$kPa;$R=300$kPa 时,长期强度为 $100\sim120$kPa。且在同等剪应力作用下,$R=200$ 的滑带的应变大于 $R=300$kPa 的应变。

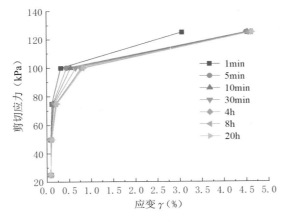

(a)$\sigma=300$-400-300kPa,$N=5$

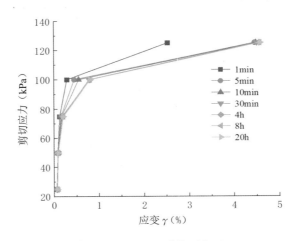

(b)$\sigma=300$-400-300kPa,$N=20$

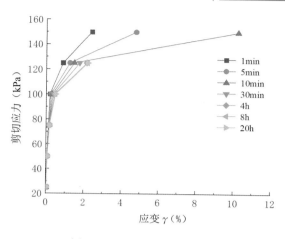

（c）$\sigma=300\text{-}500\text{-}300\text{kPa}$，$N=5$

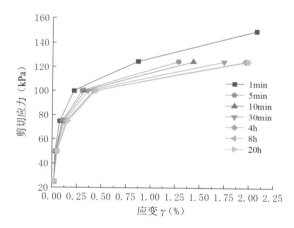

（d）$\sigma=300\text{-}500\text{-}300\text{kPa}$，$N=20$

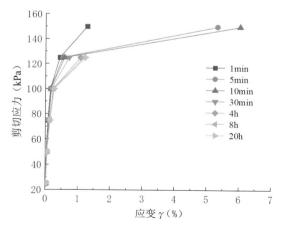

（e）$\sigma=300\text{-}600\text{-}300\text{kPa}$，$N=5$

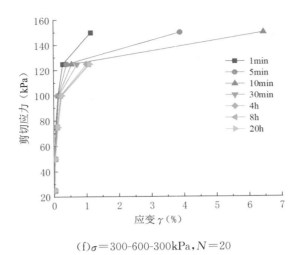

(f)$\sigma=300\text{-}600\text{-}300\text{kPa}, N=20$

图 6-20 固结路径不同循环次数下等时曲线

通过对比加载—卸载不同循环次数下的等时曲线(图 6-21),在各级剪应力作用下,滑带的剪应变值随着加载—卸载循环次数的增加而减小。如 $\tau=100\text{kPa}$ 时,B-3 的应变为 0.301%,C-3 的应变为 0.26%,D-3 的应变为 0.241%;$\tau=125\text{kPa}$ 时,B-3 的应变为 1.43%,C-3 的应变为 1.23%,D-3 的应变为 1.11%。这主要是由于随着循环次数的增加,试样的孔隙比呈幂函数式的减小,与应变衰减式的减小趋势相似。

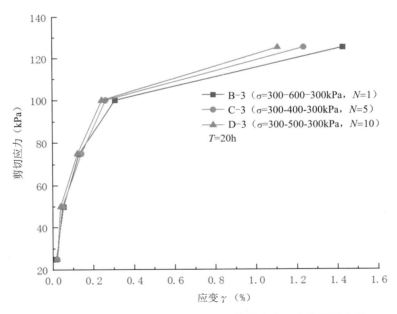

图 6-21 $\sigma=300\text{-}600\text{-}300\text{kPa}, T=20\text{h}$ 的剪应力—应变等时曲线

6.3.3 滑带的蠕变速率分析

为了分析加卸载循环次数对滑带剪应变速率的影响,对直剪蠕变数据进一步处理,绘制蠕变过程中剪应变速率—时间关系曲线,如图6-22所示。可以看出,在同一固结应力作用下,施加各级剪应力后,剪应变速率都在加载的瞬间开始增大,经过几分钟后应变速率达到最大值,之后随着施加荷载持续时间的增加,剪应变速率呈不断减小的变化趋势,最终以接近零的速率蠕变趋于稳定。

随着各级剪应力的不断增大,该阶段滑带剪应变速率都有所提升。$\tau=25$kPa时,最大应变速率为 $0.0107\%/$min;$\tau=50$kPa时,最大应变速率增大到 $0.0129\%/$min;$\tau=75$kPa时,最大应变速率增大到 $0.0273\%/$min;$\tau=100$kPa 时,最大应变速率增大到 $0.0514\%/$min;$\tau=125$kPa 时,最大应变速率增大到 $0.081\%/$min。且应变速率随着时间变化而减小得越慢。这表明剪应力越大对蠕变的应变影响就越大,且试样蠕变速率达到稳定需要的时间也越长。

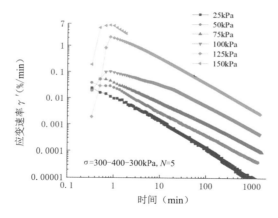

(a)$\sigma=300$-400-300kPa,$N=5$

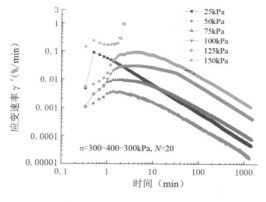

(b)$\sigma=300$-400-300kPa,$N=20$

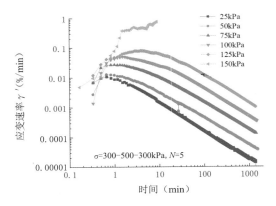

（c）σ＝300-500-300kPa，N＝5

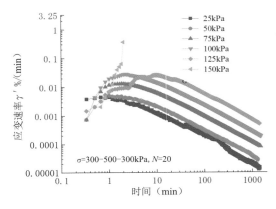

（d）σ＝300-500-300kPa，N＝20

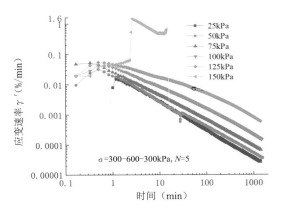

（e）σ＝300-600-300kPa，N＝5

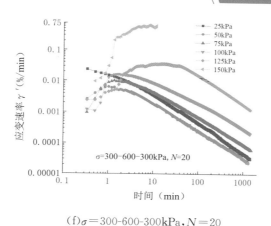

(f)$\sigma=300\text{-}600\text{-}300\text{kPa}, N=20$

图 6-22　固结路径不同循环次数下的蠕变速率曲线

在同一剪应力作用下,剪应变速率随着循环次数的增加而略微有所减小。图 6-23 中,剪应力 τ 为 100kPa 时,$N=1$ 的试样最大剪速率为 0.08414%/min;$N=5$ 的试样最大剪应变速率为 0.05062%/min;$N=20$ 的试样最大剪切速率为 0.02828%/min。由于滑带试样在加载—卸载的循环固结中,试样的压缩越来越密实,孔隙比减小,土粒之间的黏聚作用加强,宏观表现为剪应变速率减小。

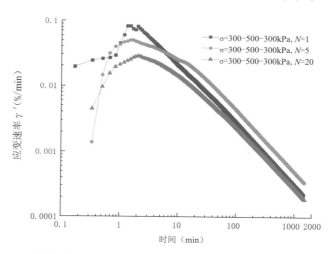

图 6-23　$\tau=100\text{kPa}$ 时不同循环次下应变速率曲线

6.4　孔隙水压力对滑带蠕变影响

本节主要研究三峡库区库水位波动对滑带的直剪蠕变特性的影响。通过 GDS 直剪仪进行不同孔隙水压力下饱和滑带的直剪蠕变试验,与黄土坡滑坡长期受库水位升降影响的实际工况相对应。本试验研究的孔隙水压力是在滑带进行直剪蠕变试验时，在各级剪应力作用下蠕变至稳定后，施加不同幅度的孔隙水压力观察其后续蠕变变形特征，进而分析库水位波动所引起的孔隙水压力变化对滑带蠕变特性的影响。根据滑坡滑带所处埋深，选取300kPa的竖向荷载；基于库水位变幅为30m，饱和滑带将承受300kPa的周期性动态渗压。选取孔隙水压力变化的幅度分别为100kPa、150kPa、200kPa。根据国内外学者对三峡水库的研究，在施加各级剪切应力使试样蠕变稳定后，施加不同幅度的孔隙水压力，研究孔隙水压力变化对试样蠕变特性的影响。

6.4.1 试验仪器和试样制备

6.4.1.1 试验仪器

本次试验所用仪器为GDS直剪仪，由英国GDS仪器设备有限公司生产。该仪器主要包括气压室、上下剪切盒、加载设备、控制设备、测量设备和数据采集系统6个部分。其中，压力室由刚性铝材料制成，密封性好，能够维持恒定的气压。而下剪切盒与气压室底座相连，剪切时上剪切盒固定不动，系统推动下剪切盒进行剪切试验。加载设备包括施加垂直压力的砝码、施加孔隙水压力的反压控制器和施加孔隙气压力的气压控制器。仪器内置有量测垂直、水平位移的传感器、垂直和水平荷载的传感器、孔隙水压及气压传感器，且所有传感器都和8通道数据采集盒相连。通过计算机里的GDSLAB软件系统实现数据的自动记录及图像的实时显示。该仪器可实现的功能较多，包括标准直剪试验、蠕变试验等。本次试验主要采用该仪器中高级控制模块的直剪蠕变试验(图6-24)。

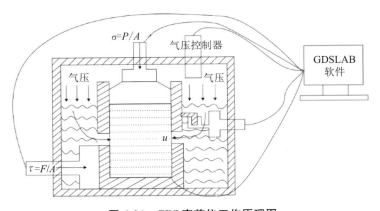

图6-24 GDS直剪仪工作原理图

6.4.1.2　试样制备

（1）试样前期准备

1）试样筛分：把现场取回的滑带风干，用橡皮锤把试样敲碎，然后放到研钵中进行研磨，将过 2mm 标准筛的试样放入托盘中。

2）试样烘干：在 105℃烘箱中放置 24h。

3）配制含水率：对烘干后的土粒进行含水率配制，并以确保土粒和水搅拌均匀。用保鲜膜将配制好的试样密封，放在室内阴凉处 24h 以上。

（2）试样制备

1）控制天然密度为 2.05g/cm³，根据方形环刀尺寸（75mm×75mm×30mm）计算每一组试样所需试样质量为 345.94g，称取相应质量试样待用。

2）在环刀四壁和制样器顶部、底部涂抹少量凡士林，将称好质量的试样倒入制样器内，通过橡皮锤击打制样器，确保试样四周高度与环刀高度平齐。

3）将制备的方形环刀样上下分别垫上滤纸和透水石，用夹持器夹紧。

（3）抽气真空饱和

1）把重叠式饱和器放入饱和缸，盖上缸盖，并关闭进水阀门，关闭进气阀门，打开抽气阀门。开启真空抽泵机抽气至少 2h，确保缸内的气压为 0kPa。

2）将抽水管放入水中，打开进水阀门，使水徐徐注入真空饱和缸，确保环刀样完全浸没在水中，关闭进水阀门。关闭真空泵开关和抽气阀门，慢慢打开进气阀门，放置样品在饱和缸内饱和 12h 以上。

6.4.2　试验方案及数据处理

滑带蠕变具体试验步骤如下：

（1）打开计算机系统及仪器设备的所有开关，检查设备是否正常运行，与计算机 GDSLAB 软件系统是否连接。

（2）把与反压控制器相连的细导管，放在装有蒸馏水的瓶子内，设置反压控制器充水，同时设置吸入蒸馏水的体积为储水器体积的 1/2～2/3。

（3）检查上下剪切盒位置，通过 GDSLAB 软件系统调整下剪切盒的位置，使上下剪切盒完全重合。在陶土板上放湿润的滤纸，将试样放在上剪切盒，用自制的推土器将试样缓缓压入剪切盒内，向压力室注水，淹没剪切面。将气压室的上盖板盖好，并把螺丝拧紧。

（4）在气压室盖板上放置小钢珠，调整杠杆和轴向位移传感器的位置，使杠杆与钢珠接触，轴向位移传感器与杠杆接触。

（5）打开 GDSLAB 软件系统，把所有传感器数据调零，设置数据保存路径，然后设置试验方案（表 6-3）。

（6）固结。设置垂直应力，使试样在该应力下至少固结 24h，固结稳定变形标准为 0.005mm/h。本试验中所采用的垂直应力为 300kPa。

（7）分级加载。固结完成后保持垂直应力不变，采用分级加载的方式施加剪应力，分为 6 级。在每级剪应力作用下蠕变达到稳定后，保持剪应力不变，设置孔隙水压力 u 分别为 100kPa、150kPa、200kPa。在该条件下进行蠕变一段时间，然后将孔隙水压力设置为 0kPa，再次进行蠕变试验，待稳定后施加下一级剪应力。重复上述步骤，直到试样破坏，如图 6-25 所示。

（8）检查软件界面应力、位移数据和曲线图是否正常。

表 6-3　　　　　　　　　　　滑带在不同孔隙水压下的蠕变方案

试样编号	竖向应力（kPa）	剪应力 τ（kPa）	孔隙水压力幅度 R（kPa）	孔隙水压力应力路径
E-1	300	25	100	0-100-0
		50		0-100-0
		75		0-100-0
		100		0-100-0
		125		0-100-0
		150		0-100-0
E-2	300	25	150	0-150-0
		50		0-150-0
		75		0-150-0
		100		0-150-0
		125		0-150-0
		150		0-150-0
E-3	300	25	200	0-200-0
		50		0-200-0
		75		0-200-0
		100		0-200-0
		125		0-200-0
		150		0-200-0

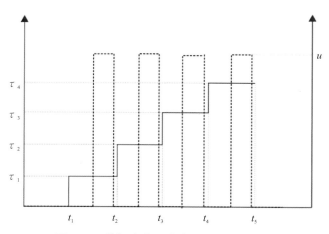

图6-25 剪切应力及孔隙水压力加载方式

根据试验的结果得到剪切位移和孔隙水压力随时间变化的曲线,如图6-26所示。在GDS直剪蠕变试验中,滑带在不同剪应力作用下,孔隙水压力的变化对其剪切位移的影响呈现一定的变化趋势。为了能够更清晰地描述孔隙水压力在不同阶段的影响,以常规的直剪蠕变(孔隙水压力 $u=0$)位移值为基础,分析施加孔隙水压力后的剪切位移变化,定义剪应变增幅为:

$$\Delta \gamma_u = (x_u - x_0)/x_0 \tag{6.3}$$

式中:$\Delta \gamma_u$ 为剪应变增幅;x_0 为孔隙水压力为0时的直剪蠕变位移,mm;x_u 为施加不同幅度的孔隙水压力后的直剪蠕变位移,mm。

根据不同阶段施加孔隙水压力后剪应变增幅的变化来描述对滑带直剪蠕变的影响。

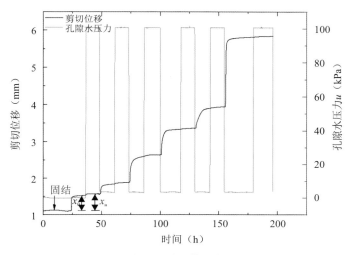

图6-26 孔隙水压力对滑带蠕变位移影响曲线

6.4.3 试验结果与分析

6.4.3.1 孔隙水压力对蠕变应变的影响

为了研究孔隙水压力对滑带蠕变的影响,进行同一垂直压力下(300kPa)、不同孔压(u=100kPa、150kPa、200kPa)的直剪蠕变试验,得到三组试验数据。绘制蠕变位移—时间关系曲线(图6-27),分析可知,在各级剪应力作用一段时间、滑带蠕变至稳定阶段时,施加不同幅度的孔隙水压力后滑带的蠕变速率明显增大,蠕变位移发生了明显的变化。三组试样的蠕变位移—时间关系曲线的变化呈相似的变化趋势,在剪应力较低时(25~75kPa),蠕变位移增幅较为明显,剪应力增大时,蠕变位移增幅变小。

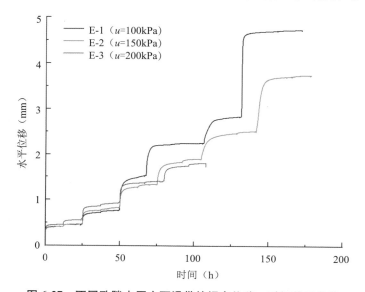

图6-27 不同孔隙水压力下滑带的蠕变位移—时间关系曲线

在蠕变的应变增幅变化中(图6-28),发现应变增幅值随着剪应力的提高而不断减小,如在各级剪应力(25kPa、50kPa、75kPa、100kPa)下,施加孔隙水压 u=150kPa 时,蠕变稳定后剪应变分别增加了 0.283、0.21、0.142、0.1,呈非线性减小的规律,变化趋势越来越小;当孔隙水压 u=100kPa 时,各阶段应变增幅值呈非线性减小的规律,分别为 0.226、0.185、0.058、0.046;当孔隙水压 u=200kPa 时,所得结果和前两组相同。当剪应力相同时,在不同幅度的孔隙水压力作用下,应变增幅值也呈现一定的规律性。如在剪应力为 50kPa 时,孔隙水压力为 100kPa、150kPa、200kPa 时,各组的应变增幅分别为 0.185、0.21、0.246,其他三个阶段应变增幅的变化呈现出相似的趋势。

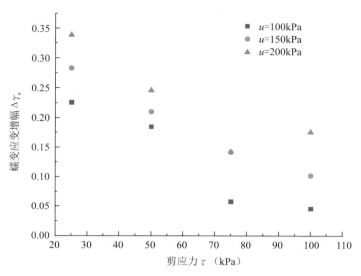

图 6-28　不同阶段应变增幅的变化图

如图 6-29 所示,由于滑带试样在剪切蠕变后,剪切面较光滑,表面的细颗粒呈定向排列,长轴的分布方向多与剪切方向相近,结构有一定程度的破坏。试样在经过孔隙水压力的加载—卸载后,土颗粒进一步压密,孔隙比减小,强度略微提升。

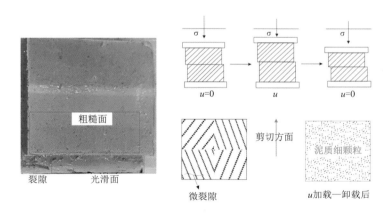

图 6-29　试样蠕变试验剪切面变化

总结可得,在同一幅度的孔隙水压力作用下,随着蠕变过程中施加的剪应力增加,其蠕变位移增大,应变增幅慢慢减小;在同一剪应力作用下,随着孔隙水压力的幅度增大,位移的增加量也变大,应变增幅也相应提高。主要是由于在孔隙水压力作用时,试样所受的有效应力减小,所对应的抗剪强度也减小,土颗粒间的黏聚力降低,在相同的剪应力作用下会发生更大的变形。

通过计算各个阶段滑带的蠕变应变增幅,拟合不同剪应力阶段滑带的应变增幅—

孔隙水压力关系曲线,如图 6-30 所示。可以发现,两者的关系基本上为线性关系,拟合程度较高。拟合的关系式为 $\Delta\gamma_u = a + b \cdot u$,各个参数的取值如表 6-4 所示。

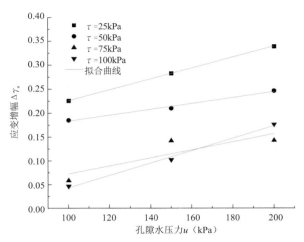

图 6-30 应变增幅—孔隙水压力关系曲线拟合

表 6-4   不同剪应力条件下应变增幅—孔隙水压拟合参数表

拟合关系式	τ(kPa)	a	b	相关系数 R^2
	25	0.1132	1.13E-4	0.9999
$\Delta\gamma_u = a + b \cdot u$	50	0.1226	6.09E-5	0.9788
	75	−0.0119	8.43E-4	0.8254
	100	−0.0869	1.3E-3	0.9869

6.4.3.2 孔隙水压力对蠕变速率的影响

为了分析不同孔隙水压力对滑带剪切蠕变特性的影响,对蠕变数据进一步处理,绘制蠕变过程中应变—时间关系曲线,其斜率表示蠕变速率,如图 6-31 所示。在垂直应力作用下,施加各级剪应力后,剪应变速率都在加载的瞬间开始增大,3min 左右应变速率达到最大值,之后随着施加荷载持续时间的增加,剪应变速率呈现不断减小的变化趋势,最终以接近零的蠕变速率趋于稳定。在施加孔隙水压力后,剪应变速率瞬间增大;随着剪应力的增大,瞬时应变减小,但达到稳定所需的时间会变长。这是由于试样在固结压密后,孔隙减小,在剪应力较低时,孔隙水对试样起到的作用以瞬时变形为主;随着剪应力的提高及试样的不断蠕变,试样内部会出现新的微裂隙,孔隙水的通道增多,这时的孔隙水压力对试样的瞬时变形影响减小,但之后的衰减变形会减慢,所以其达到稳定所需的时间也越长。

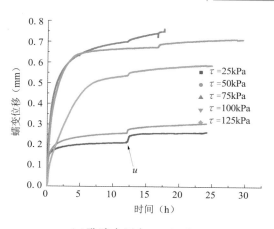

（a）孔隙水压力 $u = 100\text{kPa}$

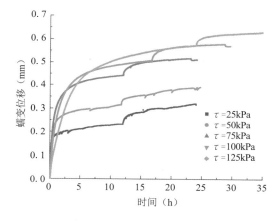

（b）孔隙水压力 $u = 150\text{kPa}$

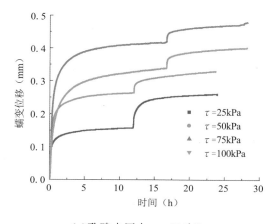

（c）孔隙水压力 $u = 200\text{kPa}$

图 6-31　不同孔隙水压力作用下蠕变位移—时间关系曲线

根据蠕变位移—时间关系曲线绘制滑带在不同阶段的平均剪应变速率曲线,如图6-32所示,可以看出,在不同条件下的剪应变速率曲线变化趋势相同。应变速率随着时间逐渐减小至接近0,在孔隙水压力作用后,应变速率迅速增大,然后慢慢减小,基本都表现为衰减型速率曲线。

在图6-32(a)中,当剪应力相同时,对应变速率进行对比分析,孔隙水压力幅度越大,滑带的平均剪应变速率就越大。如在$u=100\text{kPa}$时,应变速率为0.000325h^{-1};$u=150\text{kPa}$时,初始应变速率为0.000503h^{-1};$u=200\text{kPa}$时,应变速率可达0.000773h^{-1}。孔隙水压力使得土骨架承担的应力减小,从而容易发生错位变形,孔隙水压力的变化加剧了这种现象,这时的蠕变主要取决于孔隙水压力,应变随着孔隙水压力的提高而增大,使得饱和试样的蠕变速率增大。

在图6-32(b)中,当蠕变达到稳定时,施加同一幅度的孔隙水压力,发现试样的平均剪应变速率整体上随着剪应力的增大而非线性增大。如在$\tau=50\text{kPa}$时,初始平均应变速率为0.00067h^{-1};$\tau=75\text{kPa}$时,初始平均应变速率为0.00073h^{-1};$\tau=100\text{kPa}$时,初始平均应变速率增大到0.0011h^{-1}。孔隙水压力作用时,会影响土骨架受到的有效应力,减小滑动面的抗剪强度,促使试样蠕变变形加剧。而且初始剪应力状态下,试样内部的孔隙及微裂隙被压密,孔隙水的活动通道较少,此状态下的蠕变过程包括衰减和稳定两个阶段,而且蠕变速率较小,达到稳定的时间短;随着剪应力的增大及蠕变时间的持续增加,试样可能会发生一定的损坏,内部会发育出一些新的裂隙和孔隙,之后贯通扩展,在孔隙水压力作用时,蠕变仍表现出衰减和稳定两个阶段,但蠕变速率随着剪应力的提高而增大。

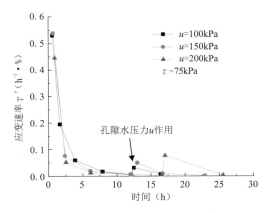

(a)$\tau=75\text{kPa}$,u不同时应变速率

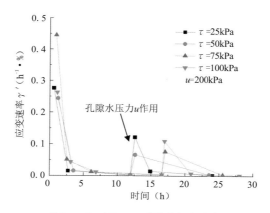

(b)$u=200\text{kPa}$，τ 不同时应变速率

图 6-32　剪切应变速率随时间的变化曲线

综上，蠕变过程中随着孔隙水压力加载—卸载的循环次数的增加，应变增幅和应变速率也会有所变化。基本上是改变了滑带试样的有效应力，致使滑带在变形后，经过多次再固结，剪切面附近的土压密，滑带强度有所提升。

第 7 章　滑带的强度与蠕变模型

7.1　滑带的残余强度

7.1.1　环剪试验

滑带是滑坡的重要组成部分,其物理和力学参数对于滑坡稳定性分析以及变形演化研究有着极其重要的作用。测定滑带的抗剪强度参数,一般会选择使用直剪试验、环剪试验和三轴压缩试验等。由于采用直剪试验和三轴压缩试验不易获得残余强度,而环剪试验的长距离剪切模式更能够模拟滑坡滑动的真实情况,所以本次残余强度测试选用环剪试验。

为确定滑坡变形破坏过程中滑带的剪应力变化规律,本章以黄土坡滑坡滑带为研究对象,在不同试验条件下进行环剪试验,探究法向应力、含水率和剪切速率对滑带长距离剪切特性和残余强度的影响。

7.1.1.1　试验仪器

本试验采用的仪器是 HJ-1 型环剪仪,采用上下盒分离的剪切盒,组成部分包括法向加载系统、扭矩测量系数、剪切系统和数据采集系统等。其中法向加载系统由杠杆以及不同规格的砝码组成;剪切系统由剪切盒、变速箱组成;数据采集系统由扭矩传感器以及数据显示屏组成;可根据需要在仪器上安装百分表用于观察试样的剪胀、剪缩性状。使用 HJ-1 型环剪仪进行环剪试验时,首先将制备好的环形试样装入剪切盒内,然后通过增加杠杆上的砝码对试样施加法向应力;观察百分表,若每小时形变量不大于 0.01mm,则可以认为试样固结完成。固结完成后启动电机,下剪切盒以设定好的速率施加扭矩进行剪切试验,试样在上剪切盒固定、下剪切盒转动的情况下发生相对运动,逐渐在两盒之间形成剪切破坏面。通过仪器数据采集系统获取的扭矩、试验时间和转动速率,计算试样的剪应力、剪切位移,计算公式如下:

$$\tau = \frac{12T}{\pi(D_1{}^3 - D_2{}^3)} \tag{7.1}$$

$$u = \bar{v} \cdot t \tag{7.2}$$

式中：τ 为滑带剪切应力，kPa；T 为扭矩，N·m；D_1、D_2 分别为试样的外径和内径，m；u 为剪切位移，m；v 为剪切速率，m/s；t 为试验时间，s。

假设荷载在试样上均匀分布，则滑带试样所受到的法向应力为：

$$\sigma = \frac{4P}{\pi(D_1{}^2 - D_2{}^2)} \tag{7.3}$$

式中：σ 为滑带所受的法向应力，kPa；P 为作用于试样上的法向荷载，N；其他参数同上。

通过获取不同试验条件（法向应力、含水率、剪切速率）下滑带的剪应力和剪切位移，便可绘制滑带的剪应力—剪应变关系曲线，进而得出滑带的抗剪强度参数和滑带的残余强度。

7.1.1.2 试验方法

环剪试验从剪切方法上来区分，一共有三种，分别是预剪、单级剪和多级剪。三种环剪方法所形成的试样破坏面不同，得出的残余强度也有一定的差异。但是相比较而言，在试样和时间充足的情况下，单级剪切所得到的残余强度较为可靠。因此，本试验选择采用单级剪切的方法进行环切试验，从而获得黄土坡滑坡滑带的抗剪强度参数和残余强度。

7.1.1.3 试样制备

首先将滑带风干，用橡皮锤充分凿碎，然后过 2mm 的筛子。根据试验方案设计，向试样内添加不同质量的去离子水，添加时缓慢加入并不断搅拌，搅拌至尽可能均匀之后置于容器内密封湿润 24h，从而得到 14%、20%、26.67% 含水率的重塑土。

根据环剪仪环刀容积和不同含水率的试样所需的干密度，将一定质量的试样倒入装有环刀的制样器内，再使用橡皮锤均匀锤击，待试样完全压密进入环刀内后，取下装有试样的环刀，用滤纸贴住环刀两面，放入夹持器，最后放入保湿玻璃缸内备用。其中饱和含水率的重塑土需要在真空饱和缸中抽气至少 2h，并浸泡在去离子水中不少于 12h。

环刀中的试样在使用前需要用切样器切去环刀中心部分，剩余的环状试样即为装入环剪仪进行剪切的试样，切样器直径即为环刀内径。将装有试样的环刀对准剪切盒放置后，使用套筒将试样压入环剪仪剪切盒内，根据所选择的单级剪试样方法，让试样分别在 100kPa、200kPa、400kPa 三种不同水平的法向应力下进行充分固结，固结完成后进行环剪。环剪试验制样过程如图 7-1 所示。

（a）装样

（b）压密

（c）压好的环刀试样

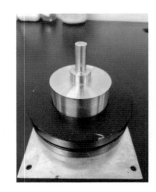

（d）切样

（e）环状滑带试样

（f）试样压入剪切盒

图 7-1　环剪试验制样过程

在换算环剪仪的剪切速率时需要用到环刀的平均半径，见公式（7.4）：

$$D_m = 2R_m = 2 \times \frac{2(R_1{}^3 - R_2{}^3)}{3(R_1{}^2 - R_2{}^2)} = \frac{2(D_1{}^3 - D_2{}^3)}{3(D_1{}^2 - D_2{}^2)} \tag{7.4}$$

式中：D_m 为试样的平均直径，mm；R_m 为试样的平均半径，mm；R_1、R_2 分别为试样的外半径和内半径,mm;D_1、D_2分别为试样的外径和内径,mm。

代入数据可得环刀的平均半径:

$$R_m = \frac{2(R_1{}^3 - R_2{}^3)}{3(R_1{}^2 - R_2{}^2)} = \frac{(D_1{}^3 - D_2{}^3)}{3(D_1{}^2 - D_2{}^2)} = \frac{(100^3 - 60^3)}{3(100^2 - 60^2)} = 40.83\text{mm}$$

7.1.2 试验方案

7.1.2.1 试验变量控制

滑带的抗剪强度指标受到许多因素的影响,既有滑坡内在因素的影响,同时也有外界因素的干扰。在参考滑坡变形监测、滑带力学性质研究等的相关文献之后,本试验选取法向应力、含水率和剪切速率三个影响因素,采用单级剪切的试验方法分析不同试验条件下黄土坡滑坡滑带的长距离剪切特性。

(1)法向应力

黄土坡滑坡体积巨大,滑带埋深不一,其自重应力不同。为研究不同法向应力下滑带的长距离剪切特性,本试验设置了 100kPa、200kPa、400kPa 三种法向应力进行环剪试验。

(2)含水率

滑坡变形速率受库水位变化以及降雨的影响显著,库水位的上升和下降以及降雨都会改变滑带的含水率,从而对滑带的抗剪强度产生影响,最终影响到整个滑坡的变形演化特征。为研究不同含水率滑带的抗剪强度特征,本试验设置了14%、20%、26.67%三种含水率的试样进行试验研究。

(3)剪切速率

滑坡位移监测显示,黄土坡滑坡在库水位升降时,变形速率有显著的变化。滑坡的滑动变形速率在试验中可近似等效于试样的剪切速率。为研究不同剪切速率对于滑带残余强度的影响,本试验设置了 0.1mm/min、1mm/min、10mm/min 三种剪切速率。

由于考察因素水平设置较多,受试验条件的限制,为了在不影响试验结果可靠性的基础上达到试验研究的目的,同时尽量减少试验的工作量,采用正交试验方法进行试验设计。

7.1.2.2 正交试验设计的步骤

利用正交表进行试验方案设计及试验结果分析的步骤如下:

(1)确定要考核的试验指标。

(2)确定要考察的因素和各因素的水平。通过对实际问题的具体分析,选出主要因素,略去次要因素,从而使因素个数少一些。若对于实际问题了解程度有限,可先适当多取一些因素进行初步试验,对其结果进行初步分析,进而选出主要因素,选出各因素的水平数。

(3)选用合适的正交表安排试验。根据因素的个数在同水平的正交表中选取相应的水平正交表,从而确保在试验次数不至于太多的情况下达到试验的目的。

(4)根据正交表安排的试验方案进行试验,测定每组试验的相应指标。

(5)对试验结果进行分析,得出相应结论。

7.1.2.3 采用正交试验方案设计的具体方案

(1)试验因素和水平设置

本试验欲对黄土坡滑坡滑带进行环剪试验,为模拟滑坡真实情况以便对其残余强度进行评价,拟定三个因素:法向应力、含水率和剪切速率。其中法向应力选取100kPa、200kPa、400kPa 三个水平;含水率选取 14.00%(天然含水率)、20.00%、26.67%(饱和含水率)三个水平;剪切速率选取 0.1mm/min、1mm/min、10mm/min 三个水平。这样,试验因素和水平的设置如表 7-1 所示。

表 7-1　试验因素及水平设置

水平因素	法向应力(kPa)	含水率(%)	剪切速率(mm/min)
1	100	14.00	0.1
2	200	20.00	1
3	400	26.67	10

(2)选择正交表

试验为 3 因素 3 水平的正交试验,需要选择 $L_n(3^m)$ 形式的正交表。试验有三个因素,所以要选择 $m \geqslant 3$ 的正交表。在满足试验需要的同时试验次数尽可能少,故选用满足条件 $m \geqslant 3$ 且最小的 $L_n(3m)$ 形式的正交表 $L_9(3^4)$,但它的因素数为 4,于是在表中随机设置一空列,即正交试验设计方差分析中的误差列。此时表中 A 为法向应力,B 为空列,C 为含水率,D 为剪切速率。

(3)试验设计

完成表头设计之后,将正交表列中的数字 1、2、3 看作该列因素在各个试验中的水平数,因此将每一行的水平因素组合起来便可得到对应的试验方案。具体试验方案设计如表 7-2 所示。比如试验号 1,表示含水率为 14%(天然含水率)的滑带在 100kPa 的法向应力下固结后,以剪切速率 0.1mm/min 进行环剪试验。其中 B 列为空列,对试验方案没有影响。

表 7-2   试验方案设计表

列号	A	B(空列)	C	D	试验方案
1	1	1	1	1	$A_1 C_1 D_1$
2	1	2	2	2	$A_1 C_2 D_2$
3	1	3	3	3	$A_1 C_3 D_3$
4	2	1	2	3	$A_2 C_2 D_3$
5	2	2	3	1	$A_2 C_3 D_1$
6	2	3	1	2	$A_2 C_1 D_2$
7	3	1	3	2	$A_3 C_3 D_2$
8	3	2	1	3	$A_3 C_1 D_3$
9	3	3	2	1	$A_3 C_2 D_1$

7.1.3　试验结果分析

7.1.3.1　试样破坏特征

在试样完全剪切破坏后，环剪仪的扭矩稳定在一个相对稳定值时，代表剪切完成，停止剪切。环剪破坏后的试样及剪切破坏面特征如图 7-2 所示。可见重塑后的滑带试样表现出以下特征：

试样剪切后，在环剪仪上、下剪切盒的交界处出现贯通的剪切破坏面，将试样分为上下两部分。剪切破坏面较为粗糙，推测可能是揭开上层试样时，由于试样有一定的黏性，使得剪切面上下试样发生一定程度上的粘黏，揭开后破坏面上小部分土体发生脱落。

(a)剪切破坏后试样　　　　　　　　(b)剪切破坏面特征

图 7-2　滑带式样破坏特征

剪切过程中通过百分表测量，发现不同大小的法向应力下滑带试样表现出剪缩的特性，其剪切过程中剪缩量如图 7-3 所示。在正交试验之外另设控制单一变量的三组试验组（主要目的是为了测出土体的抗剪强度参数）。

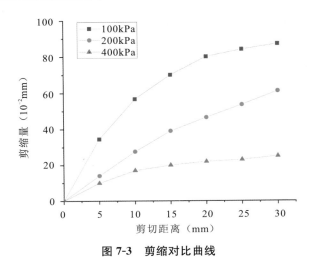

图 7-3　剪缩对比曲线

通过观察三组试样的剪缩对比曲线,可以得出如下结论:不同法向应力下的试样在剪切时均表现出剪缩性,剪缩量随着法向应力的增加而降低。

7.1.3.2　剪应力—剪切位移关系曲线特征

根据环剪试验的结果曲线,滑带的剪切过程可分为四个阶段,如图 7-4 所示,分别是弹性变形阶段、塑性硬化阶段、硬变软化阶段以及残余强度阶段。由于试验开始前试样已经过充分固结,所以图中几乎没有体现出最开始的密实阶段,即滑带刚开始承受法向应力时在应力方向上孔隙减少而导致剪应力—剪切位移关系曲线图斜率明显增大的阶段。

(1)弹性变形阶段:图中 $O\text{-}A$ 段。在这一阶段中,滑带试样的剪应力随着剪切位移的增加呈现近乎直线型增长,土体可以看作是在发生弹性变形。

(2)塑性硬化阶段:图中 $A\text{-}C$ 段。在这一阶段中,随着剪切位移的不断增大,曲线的斜率不断减小到 0(C 点处)。滑带在此处发生类似塑性变形的变化,其中 B 点所对应的剪应力称为土体的屈服强度,C 点所对应的剪应力称为土体的峰值强度。

(3)硬变软化阶段:图中 $C\text{-}F$ 段。在这一阶段中,曲线的斜率随着剪切位移的增加而不断减小,且剪应力随着剪切位移的增加从峰值强度逐渐减小到残余强度。

(4)残余强度阶段:图中 F 后面的阶段。在这一阶段中,滑带试样剪应力在剪切位移变化时基本保持不变或在残余强度周围极小范围浮动。此时试样已经完全破坏,形成完整的贯通破坏面,试样剪应力主要由破坏面间摩擦强度提供。

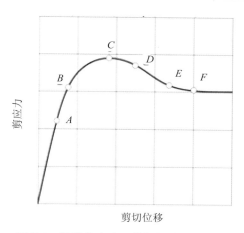

图 7-4　滑带剪应力—剪切位移关系曲线

试验中不同条件下滑带剪切结果典型曲线如图 7-5 所示。

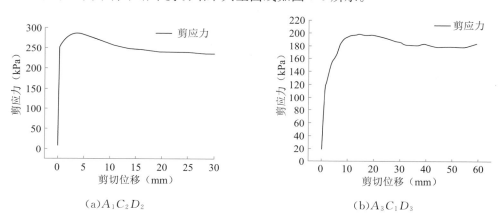

（a)$A_1C_2D_2$　　　　　　　　　　　　　　　（b)$A_3C_1D_3$

图 7-5　不同条件下滑带试样剪应力—剪切位移关系曲线

根据试验数据分别得出九组试验中试样的残余强度,如表 7-3 所示。

表 7-3　　　　　　　　　　　　　各组试验的残余强度

试验方案	$A_1C_1D_1$	$A_1C_2D_2$	$A_1C_3D_3$	$A_2C_2D_3$	$A_2C_3D_1$	$A_2C_1D_2$	$A_3C_3D_2$	$A_3C_1D_3$	$A_3C_2D_1$
残余强度 （kPa）	245.55	236.78	168.54	217.30	345.92	281.61	538.37	182.70	596.34

7.1.3.3　正交试验结果分析

接下来对所测得的试验进行正交试验中的极差、方差分析,具体计算结果如表 7-4所示。

表 7-4 　　　　　　　　　　正交试验极差、方差分析表

列号	A	B（空列）	C	D	残余强度（kPa）
1	1	1	1	1	245.55
2	1	2	2	2	236.78
3	1	3	3	3	168.54
4	2	1	2	3	217.30
5	2	2	3	1	345.92
6	2	3	1	2	281.61
7	3	1	3	2	538.37
8	3	2	1	3	182.70
9	3	3	2	1	596.34
K_1	650.87	1001.22	709.86	1187.81	
K_2	844.83	765.40	1050.42	1056.76	
K_3	1317.41	1046.49	1052.83	568.54	
k_1	216.96	333.74	236.62	395.94	
k_2	281.61	255.13	350.14	352.25	
k_3	439.14	348.83	350.94	189.51	
极差 R	222.18	93.70	114.32	206.42	
方差 S	279.93	123.23	161.11	266.46	

表中 K_i 代表任一列上的因素水平标号（A、B、C、D 字母的角标）为 i 时所对应的试验结果（试样的残余强度）之和；如果用 N 表示任一列上各水平出现次数，则各水平所对应的平均值 $k_i = K_i / N$；表中 R 表示个水平对应平均值中最大值与最小值之差。方差 S^2 采用如下公式（7.5）计算：

$$S^2 = [(M - x_1)^2 + (M - x_n)^2 + \cdots + (M - x_n)^2]/n \tag{7.5}$$

式中：M 为样本平均数；n 为样本个数；x_n 为第 n 个样本。

不同试验条件下的极差反映该试验条件对于试验结果（本试验为残余强度）影响大小，极差越大，这个因素的变化对滑带试样残余强度的影响就越大，众多影响因素中极差最大的那一列因素便是影响试验指标的最主要的指标。根据这个特点，可以得知三个因素的极差大小关系如下：

$$R_A > R_D > R_C$$

表明本试验考虑的三种影响因素由主到次的顺序为：A（法向应力）、D（剪切速率）、C（含水率），即法向应力是影响滑带试样残余强度的最主要因素，其次是剪切速

率,最后是含水率。鉴于此,可以推论黄土坡滑坡变形破坏的最大影响因素是法向应力,即滑坡的自重荷载和滑坡体上的堆载。

接着考察各列因素的不同水平,可看出在 A 列因素(法向应力)有:

$$k_3 > k_2 > k_1$$

在 C 列因素(含水率)有:

$$k_3 > k_2 > k_1$$

在 D 列因素(剪切速率)有:

$$k_1 > k_2 > k_3$$

于是可以认为,在考虑到的试验水平中,滑带试样残余强度最高的组合是 $A_3C_3D_1$,尽管该水平的配制方案在试验安排中并未设置,但是由于正交试验方差分析的优势,故能得出比实际试验中更好的结果。

7.2 不同固结路径下滑带的长期强度

试样的长期强度指在恒定的荷载作用下,随着时间的增加,土体蠕变从稳定蠕变转换成非稳定蠕变的转折点(稳定蠕变到加速蠕变的转折点—临界值),也称为试样的第三屈服应力值。目前在工程上一般认为岩土体的长期强度小于短期强度。国内外关于土体的流变研究大多集中在蠕变现象,关于长期强度的研究及其确定方法的研究较少。目前最常用的是等时曲线法和蠕变速率—应力关系曲线确定长期强度法。根据上一章加载—卸载—加载的蠕变方案,选用稳态蠕变速率法来确定。

根据对蠕变曲线特征的研究,稳定蠕变阶段是区别蠕变加速阶段的关键过程。当剪应力小于滑带的屈服强度时,应变曲线随着时间而趋向水平变化,速率逐渐衰减至零;随着剪应力的增大,应变速率衰减至某一稳定值,应变呈一定斜率变化;当剪应力大于滑带的屈服强度时,应变突然增大,快速破坏。破坏前的剪应力作为该土的长期强度。

为了确定长期强度,可将速率曲线的前半段和后半段拟合直线的交点作为长期强度的参考值。剪应力较低时,变形速率衰减至零,因此将横坐标轴视为拐点前的拟合直线,曲线的切线视为拐点后的直线,切线与横坐标轴的交点即为长期强度值。根据等时曲线绘制各试样稳态蠕变速率—剪应力关系曲线,如图 7-6 所示,其中,蓝色线段为曲线后半段的切线,其在横坐标轴的截距视为长期强度值。

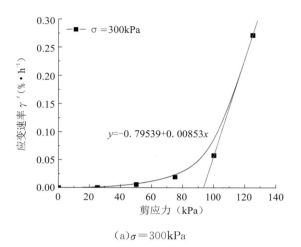

（a）σ＝300kPa

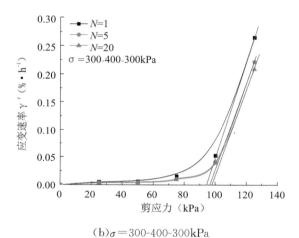

（b）σ＝300-400-300kPa

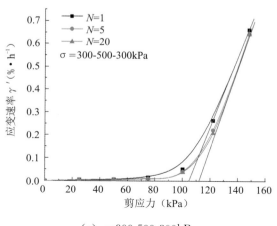

（c）σ＝300-500-300kPa

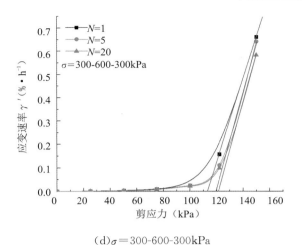

(d)σ＝300-600-300kPa

图7-6 试样稳态蠕变速率—剪应力关系曲线

通过稳态蠕变速率法求得滑带在不同应力状态下的长期强度,如表7-5所示。分析发现,随着加载—卸载幅度值的增大,长期强度与破坏强度比值变化范围为0.66～0.86,呈非线性增大;当加载—卸载幅度值相同时,随着循环次数的增加,长期强度呈衰减式增加,最后趋于一个稳定值。

表7-5 稳态蠕变速率法得到的长期强度

固结路径 σ_n(kPa)	循环 次数	拟合函数	R^2	长期 强度(kPa)
300	0	$y=1.3\times10^{-4}\times e^{0.06x}$	0.9989	93
300-400-300	1	$y=1.95\times10^{-14}\times x^{6.26}$	0.9943	94.5
300-400-300	5	$y=7.46\times10^{-15}\times x^{6.42}$	0.9944	96.4
300-400-300	20	$y=7.09\times10^{-15}\times x^{6.42}$	0.9948	98.7
300-500-300	1	$y=9.29\times10^{-15}\times x^{6.36}$	0.9967	104.5
300-500-300	5	$y=1.69\times10^{-15}\times x^{6.69}$	0.99	112.1
300-500-300	20	$y=1.49\times10^{-15}\times x^{6.7}$	0.9899	112.1
300-600-300	1	$y=5.96\times10^{-15}\times x^{6.41}$	0.9518	112.8
300-600-300	5	$y=2.41\times10^{-13}\times x^{5.64}$	0.8998	119.2
300-600-300	20	$y=1.37\times10^{-14}\times x^{6.18}$	0.9354	121.4

为了讨论长期强度与瞬时强度的关系,定义长期强度和瞬时强度的比k:

$$k=\frac{\tau_\infty}{\tau} \tag{7.5}$$

式中：τ_∞ 为稳态蠕变速率法得到的长期强度，kPa；τ 为该滑带试样在慢剪试验下得到的剪切强度，kPa。

滑带在 300kPa 的固结应力作用下，分别进行加卸载幅度（100kPa、200kPa、300kPa）和循环加载—卸载次数（1、5、20）的固结，对其孔隙比和长期强度分析，可以看出初始固结状态下的孔隙比最大，试样高度最高，剪切面颗粒间的黏聚力较低，长期强度最小；随着再次固结中加载—卸载幅度以及循环次数的增加，滑带颗粒逐步被压密，孔隙比逐渐降低，其长期强度相应地逐步提高。

从图 7-7 中可以看到，长期强度比值 k 和孔隙比 e 之间存在一种线性关系，通过拟合构建其关系，见公式（7.6）：

$$k = 2.069 - 3.29e \tag{7.6}$$

将孔隙比 e 和幅度 R，循环次数 N 代入得：

$$k = 2.069 - 3.29(0.445 - 2.14 \times 10^{-4}R) \times N^{-10^{-3}\left\{3.13 + 7.52\left[\exp\left(\frac{R-100}{107.5}\right) + \exp\left(\frac{R-100}{131.4}\right)\right]\right\}} \tag{7.7}$$

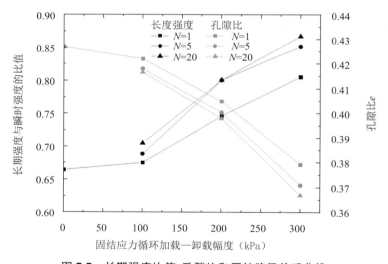

图 7-7　长期强度比值、孔隙比和固结路径关系曲线

综上研究，土体在经过不同幅度 R 的加载—卸载和不同循环次数 N 的固结路径后，土颗粒表现出不同程度的压密，孔隙比表现出一定的规律性；蠕变试验反映出的长期强度和孔隙比间的变化关系可用线性表示，从而构建出长期强度比值 k 和幅度 R、循环次数 N 的关系，可以反映出滑带在不同固结路径下的长期强度，为后续滑坡滑带的疲劳强度值提供了一定的参考。

7.3 不同固结路径下滑带的蠕变模型

7.3.1 模型的选择

在选择元件构建蠕变本构模型时,应使模型能精确地反映黄土坡滑坡滑带的蠕变特性。国内外学者针对岩土体的蠕变本构模型进行了大量的研究,通过采用串联、并联等不同的方式对多种基本元件进行排列组合,构建蠕变模型,以便用基本元件的性质来描述不同岩土体的蠕变特性。

根据第6章滑带的蠕变试验结果可知,滑带在不同条件下的蠕变,只有衰减蠕变阶段,没有表现出加速蠕变。虽然 Kelvin 体能够描述衰减蠕变,模型中元件模型越多,描述的蠕变曲率就越大,能够更精确地反映岩土体的蠕变特性,但同时本构模型中的参数繁多,不易确定。所以选用两个弹性元件和两个黏性元件来构建模型。

7.3.2 Burgers 本构模型

Burgers 本构模型主要是由一个 Maxwell 体和一个 Kelvin 体通过串联的方式连接,其中,G_1、G_2 分别为 Maxwell 体和 Kelvin 体的剪切模量,η_1、η_2 分别为 Maxwell 体和 Kelvin 体的黏滞系数。在直剪蠕变试验中,将 σ 替换为 τ。

通过 Maxwell 体和 Kelvin 体串联而构建的 Burgers 体,可知:

$$\gamma = \gamma_1 + \gamma_2 \tag{7.8}$$

其中,Maxwell 体由一个弹性元件 H 和一个黏性元件 N 串联组成,它的蠕变方程为:

$$\dot{\gamma_1} = \frac{\tau}{\eta_1} + \frac{\dot{\tau}}{G_1} \tag{7.9}$$

而 Kelvin 体由弹性元件 H 和黏性元件 N 并联组成,蠕变方程为:

$$\tau = G_2 \gamma_2 + \eta_2 \dot{\gamma_2} \tag{7.10}$$

若令 $\dfrac{d}{dt} = B$,得:

$$\gamma = \tau \left(\frac{1}{B\eta_1} + \frac{1}{G_1} + \frac{1}{G_2 + B\eta_2} \right) \tag{7.11}$$

联合求解可得微分方程:

$$\tau + \left(\frac{\eta_1}{G_1} + \frac{\eta_1 + \eta_2}{G_2} \right) \dot{\tau} + \frac{\eta_1 \eta_2}{G_1 G_2} \ddot{\tau} = \eta_1 \dot{\gamma} + \frac{\eta_1 \eta_2}{G_2} \ddot{\gamma} \tag{7.12}$$

求解得到其蠕变方程：

$$\gamma = \tau\left[\frac{t}{\eta_1} + \frac{1}{G_1} + \frac{1}{G_2}(1 - e^{-\frac{G_2}{\eta_2}t})\right] \tag{7.13}$$

由公式(7.13)可以看出,该蠕变方程能够拟合瞬时应变、初始蠕变及稳定蠕变;对于衰减阶段的蠕变,需要去除 Maxwell 体中的黏性元件。在方程中,当 $t \approx 0$ 时,$\gamma = \tau/G_1$,可根据瞬时应变来确定瞬时剪切模量 G_1。

采用构建的 Burgers 模型对滑带的蠕变特性进行拟合,图 7-8 为不同固结路径下滑带的蠕变 Burgers 模型拟合结果。表 7-6 为构建的蠕变模型参数的拟合结果,可以看出,Burgers 模型和试验数据拟合程度较高,能够表现滑带的蠕变特性。

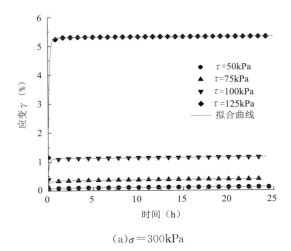

(a)$\sigma = 300\text{kPa}$

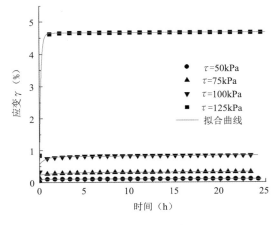

(b)$\sigma = 300\text{-}400\text{-}300\text{kPa}$

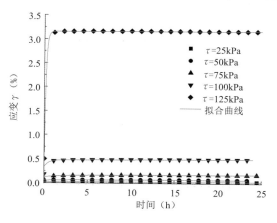

（c)σ＝300-500-300kPa

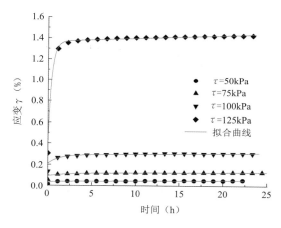

（d)σ＝300-600-300kPa

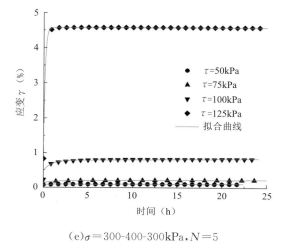

（e)σ＝300-400-300kPa，N＝5

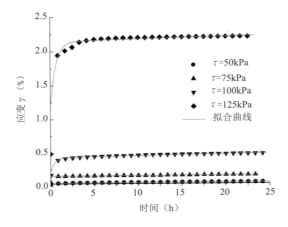

(f)σ＝300-500-300kPa，N＝5

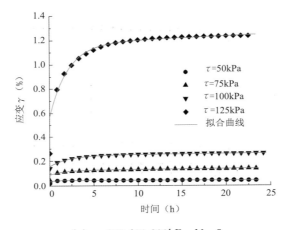

(g)σ＝300-600-300kPa，N＝5

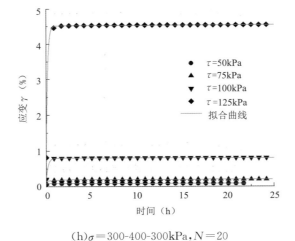

(h)σ＝300-400-300kPa，N＝20

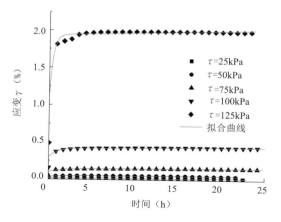

（i）$\sigma=300\text{-}500\text{-}300\text{kPa}, N=20$

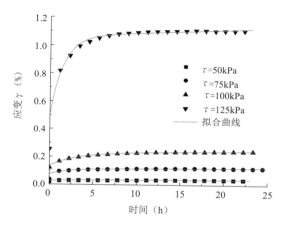

（j）$\sigma=300\text{-}600\text{-}300\text{kPa}, N=20$

图 7-8　不同固结路径下试样 Burgers 蠕变模型拟合

表 7-6　　　　　　　　　　　　　　不同固结路径下 Burgers 本构模型参数拟合

试样组	τ(kPa)	G_1(kPa)	G_2(kPa)	η_1(kPa·s)	η_2(kPa·s)	R^2
A-0 $\sigma=300\text{kPa}$	25	1358	3687	2.07×10^4	468	0.82
	50	803.6	1501	5.18×10^4	2269	0.964
	75	293.4	807.4	3.67×10^4	501.2	0.94
	100	160.9	198.8	5.21×10^4	28.8	0.91
	125	23.29	50.6	3.74×10^4	6.78	0.88
B-1 $\sigma=300\text{-}400\text{-}300\text{kPa}$ $N=1$	25	1567	3215	2.2×10^4	3941	0.86
	50	489.5	1824	8.5×10^4	246	0.895
	75	318.6	1158	7.23×10^4	1982	0.967
	100	175.4	423.9	5.84×10^4	269.7	0.905
	125	30.56	60.8	3.42×10^4	10.21	0.971

试样组	τ(kPa)	G_1(kPa)	G_2(kPa)	η_1(kPa·s)	η_2(kPa·s)	R^2
B-2 $\sigma=300\text{-}500\text{-}300\text{kPa}$ $N=1$	25	1111	4054	3.07×10^5	7143	0.719
	50	903.2	4382	2.01×10^5	10409	0.956
	75	600.2	2169	9.2×10^4	3605	0.966
	100	301.3	709.7	8.6×10^4	348.8	0.926
	125	3.84	39.6	3.84×10^4	6.31	0.971
B-3 $\sigma=300\text{-}600\text{-}300\text{kPa}$ $N=1$	25	2048	5312	2.1×10^4	783	0.901
	50	1699	4839.9	8.2×10^4	2239	0.9522
	75	749.3	3158.4	1.4×10^5	6172	0.9646
	100	474.4	1273.9	1.2×10^5	1573	0.9454
	125	300.2	131.24	4.2×10^4	53.26	0.987
C-1 $\sigma=300\text{-}400\text{-}300\text{kPa}$ $N=5$	50	608	4484	8.2×10^4	5160	0.9848
	75	544.6	1213	7.2×10^4	1660	0.9874
	100	207.9	332	4.3×10^4	292	0.938
	125	103.5	37.1	1.5×10^5	5.84	0.973
C-2 $\sigma=300\text{-}500\text{-}300\text{kPa}$ $N=5$	50	1127	2760	1.5×10^5	3702	0.9566
	75	463	1.2E28	1.2×10^5	2.69E28	0.7686
	100	423	493	4.1×10^4	244	0.9535
	125	105	129	3.3×10^4	78.2	0.934
C-3 $\sigma=300\text{-}600\text{-}300\text{kPa}$ $N=5$	50	1385	4911	2.4×10^4	3040	0.7511
	75	827	2126	1×10^5	3486	0.9733
	100	631	1121	1.5×10^5	2469	0.9939
	125	219	206	4.1×10^4	430	0.9917
D-1 $\sigma=300\text{-}400\text{-}300\text{kPa}$ $N=20$	50	600	8684	1.14×10^4	15428	0.775
	75	488	1752	3.4×10^5	2329	0.9365
	100	416	177	9×10^5	36.45	0.99
	125	111	36.7	1.6×10^5	5.83	0.9735
D-2 $\sigma=300\text{-}500\text{-}300\text{kPa}$ $N=20$	50	1327	3562	5.1×10^5	9048	0.8478
	75	731	1921	1×10^5	2184	0.9461
	100	333	838	9.6×10^4	783	0.9467
	125	114	147	3.9×10^4	59.3	0.899
D-3 $\sigma=300\text{-}600\text{-}300\text{kPa}$ $N=20$	50	1787	10153	2.4×10^5	40232	0.95
	75	993	2175	1.3×10^5	4062	0.9655
	100	729	1146	1.1×10^5	3460	0.9967
	125	248	224	4.8×10^4	336	0.9731

7.3.3 模型参数特性分析

根据构建的 Burgers 本构模型拟合蠕变曲线,可以看出,各个参数的取值和施加的剪应力、以及固结路径间都存在着联系。

图 7-9 为瞬时剪切模量在不同加载—卸载幅度、不同循环次数下随着剪应力的变化曲线。分析图 7-9(a)可发现,串联的 Maxwell 元件参数瞬时剪切模量 G_1 随着剪应力的增大而减小。由于 Maxwell 弹性元件在结构中为串联,G_1 取决于各个阶段的应力水平,主要体现蠕变的瞬时应变特性,G_1 随着剪应力的增大而呈非线性减小的变化,也间接表明分级加载方式对试样的非线性损伤,同时随着剪应力及蠕变时间的增大,试样土颗粒越来越密实,表现出剪切硬化的特性,因此反映弹性的参数 G_1 不断减小。另一方面,当剪应力相同时,G_1 也随着加载—卸载幅度的增大而增大,这是由于随着加载—卸载幅度的增大,试样的压缩程度变大,试样的孔隙比越来越小,颗粒间的黏聚力增大,在受剪应力作用时,试样蠕变变小,试样抵抗剪切应变的能力增强。在图 7-9(b)中,G_1 的变化趋势相似,随着应力水平的提高而逐渐降低;同时在固结路径都为 300-600-300kPa 时,随着固结应力循环次数的增加,在同一剪应力作用下,剪切模量 G_1 也随之增大。主要是由于随着循环次数的增加,试样的孔隙比减小,塑性模量增大。

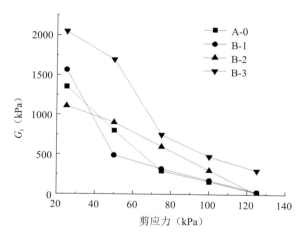

(a)G_1 与加载—卸载幅度 R 的关系曲线

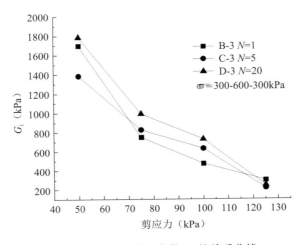

（b）G_1 与加卸载循环次数 N 的关系曲线

图 7-9　Burger 本构模型瞬时剪切模量特性分析

　　不同加载—卸载幅度 R、不同循环次数 N 下的滑带剪切模量 G_2 随着剪应力的变化曲线如图 7-10 所示。分析可得，Kelvin 中的长期剪切模量 G_2 整体上随着剪应力的增加也是呈减小的趋势。图 7-10（a）中 B-2 组的模量先增加后减小，可能是在黏性元件的影响下，施加剪应力时未开始进行变形。当剪应力相同时，长期剪切模量随着 R 的增大而增大，但随着应力水平的提高，差距会逐渐趋于零，随着蠕变试验的进行，长期剪切模量最终会减小到某一稳定值。在图 7-10（b）中为加载—卸载不同循环次数下剪切模量随着剪应力的变化曲线，在去除 D-3 组的第一个点后，各个组的长期剪切模量的差距逐渐减小，基本处于重合，这是由于随着循环次数的增加，孔隙比呈衰减式变化，试样的抗剪能力增强得越来越慢。

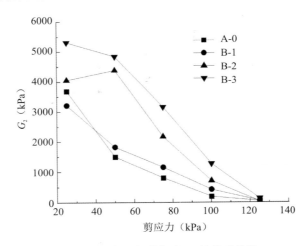

（a）G_2 与加载—卸载幅度 R 的关系曲线

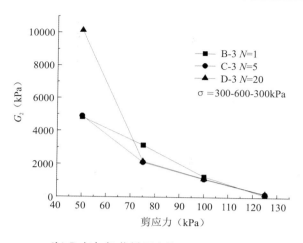

（b）G_2 与加卸载循环次数 N 的关系曲线

图 7-10　Burger 本构模型长期剪切模量特性分析

图 7-11（a）为结构中黏性元件参数的变化趋势，整体上黏性系数随着剪应力的增加而先增加后减小。这是由于受弹性元件的影响，在剪应力较小时主要为弹性变形，黏性元件变形较小；随着剪应力及作用力持续时间的变化，土颗粒间变得致密，黏聚力增加，致使黏性系数逐渐增大。当剪应力大于土体的屈服强度时，试样的结构性慢慢发生破坏，所以模型的黏性系数随着剪应力的继续增大而减小。同时在剪应力相同时，随着 R 的增大，土颗粒的孔隙比减小而黏聚力有所增大，黏性系数也有所增大。

黏性系数 η_2 影响黏弹性变形到达稳定阶段的快慢，且随着时间的增大逐渐趋于稳定。图 7-11（b）为黏弹性系数 η_2 随着剪应力的变化曲线。除去第一阶段，随着剪应力的提高，η_2 值逐渐减小。

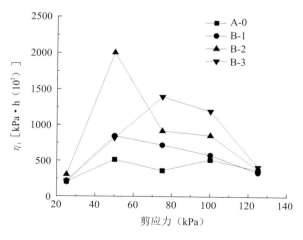

（a）η_1 与剪应力的关系曲线

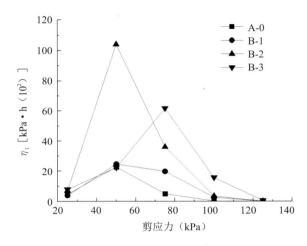

（b）η_2 与剪应力的关系曲线

图 7-11 Burger 本构模型参数特性分析

综上所述，Burgers 模型对曲线的拟合程度较高，R^2 集中在 $0.8 \sim 0.99$，其是通过具有力学特性的元件构成，方程中的参数反映了模型中元件的力学含义，能够从参数的变化反映出试样在试验过程中内部力学性质的变化，因此对滑带的蠕变描述更为精准，适用性更好，其研究更有意义。

第8章 滑带的应力松弛试验

8.1 滑带的直剪应力松弛试验

8.1.1 试验方案

本试验采用的仪器是南京宁曦土壤仪器有限公司生产的四联等应变直剪仪。四联直剪仪用于测定土试样在静载荷条件下的抗剪强度。通常采用四个试样在不同垂直压力下,施加剪切力进行剪切,求得破坏时的剪应力,根据库仑定律确定抗剪强度、内摩擦角和黏聚力。仪器数据由电脑采集。

将原状滑带土风干、重塑,制备成标准环刀样,在真空缸中抽真空并饱和24h,然后分别在100kPa、200kPa、400kPa、800kPa条件下固结稳定。试样在排水条件下采用逐级加载应变的方式进行应力松弛试验,控制其变形在2mm、4mm、6mm、8mm。在施加应变时,以0.02mm/min的速度匀速推进剪切盒,在达到设定的应变值时,立即停止推进剪切盒,使其达到应力松弛的条件。考虑时间原因,每级松弛的时间为24h。然后依次进行下一级的松弛试验。

四联直剪仪操作步骤如下:

(1)检查仪器。包括检查仪器是否水平,检查杠杆和平衡坨是否处于平衡状态,检查滚动钢球是否滚动灵活无异物卡阻。

(2)装样。旋紧剪切盒上的螺丝插销,在下框内放入透水石、滤纸,将事先准备好的环刀试样平口向下,用推土器将试样推入剪切盒内,再依次盖上滤纸、透水石、传压板。

(3)加载固结。将加压框上的横梁压头对准传压板,调整压头位置,安装百分表;对试样施加预先设计的垂直荷载,使其固结24h至稳定状态。

(4)剪切应力松弛。拧出剪切盒上的螺丝插销,按照预计的剪切速率开始剪切,达到目标应变时立即停止剪切。使试样松弛24h,然后再加载下一级应变,重复上述操作。整个过程中数据采集系统记录相应的数据。

8.1.2 试验结果与分析

8.1.2.1 不同垂直荷载剪切应力松弛曲线

图 8-1 为黄土坡滑坡滑带试样在 100kPa、200kPa、400kPa、800kPa 的垂直荷载下,采用逐级加载剪应变的方式得到的剪切应力松弛曲线。可知,加载剪应变的短时间内,剪应力急剧增加。当达到预设的应变时,剪应力衰减很快,即应力松弛速率大。随着时间的推移,应力松弛速率越来越小,直到剪应力逐渐趋于一个稳定值,然后再加载下一级剪应变。随着初始剪应变的增加,剪应力的稳定值也会增加。

垂直荷载分别为 100kPa、200kPa、400kPa、800kPa 时的滑带剪切应力松弛曲线如图 8-2 至图 8-5 所示。

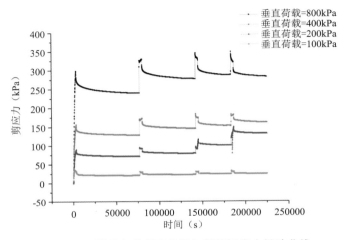

图 8-1 不同垂直荷载下分级加载剪切应力松弛曲线

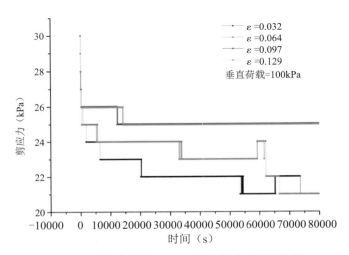

图 8-2 垂直荷载为 100kPa 的剪切应力松弛曲线

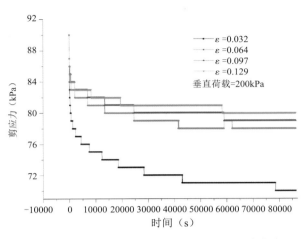

图 8-3 垂直荷载为 200kPa 的剪切应力松弛曲线

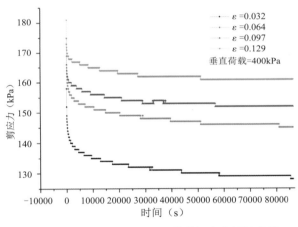

图 8-4 垂直荷载为 400kPa 的剪切应力松弛曲线

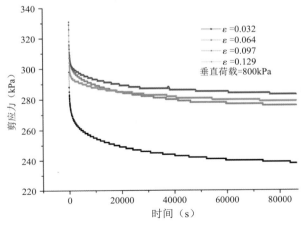

图 8-5 垂直荷载为 800kPa 的剪切应力松弛曲线

由于仪器的力传感器精度有限,剪应力的测定值只能精确到整数,所以在图上会显示为剪应力突变的台阶状。但实际剪应力图像应该为连续变化的曲线。

不同垂直荷载下黄土坡滑坡滑带的剪切应力松弛有以下特点:

(1)在不同垂直荷载和不同初始应变条件下,滑带的应力松弛均表现为:当达到预期应变开始松弛时,在前期很短的时间内,应力松弛速率很大,剪应力急剧减小。随着时间的推移,应力松弛速率慢慢减小,剪应力逐渐减小到趋于稳定。由于剪应力并没有减小至0,所以滑带的应力松弛属于非完全松弛。

(2)垂直荷载为100kPa的曲线与200kPa、400kPa和800kPa时的曲线相比,其应力松弛速率慢,达到稳定状态所需的时间更长。表明垂直荷载越小,滑带的应力松弛时间越长,短时间内不容易达到稳定状态。

(3)同一初始应变下,随着垂直荷载的增大,试样对应的各个时间点剪应力也逐渐增大,所以趋于稳定的剪应力值也逐渐增大,应力松弛量(开始松弛瞬间的剪应力与松弛稳定后剪应力的差值)也逐渐增大。

(4)当垂直荷载相同时,随着初始应变的增加,松弛稳定后剪应力与开始松弛瞬间的剪应力的比值也逐渐增大。

(5)不同垂直荷载下的剪切应力松弛曲线可以分为三个阶段。①瞬间松弛阶段:剪切应力在短时间内急剧减小,应力松弛速率较大。不同垂直向荷载导致滑带颗粒的微观排列和密实度不同,进而影响它的强度。因此在受到相同的剪应变时,对其强度的破坏程度不同,从而应力松弛量也不同。②减速松弛阶段:剪应力仍在减小,但应力松弛速率减小。此阶段的应力松弛量占绝大多数。说明滑带颗粒在重新排列,内力正在重新分布。③阶段稳定松弛:此阶段应力松弛速率继续减小到0,剪应力最终稳定。滑带内部颗粒重新排列完全,也达到稳定状态。

8.1.2.2 不同垂直荷载直剪应力—应变等时曲线

垂直荷载为100kPa、200kPa、400kPa和800kPa时的剪应力—应变等时曲线如图8-6至图8-9所示。由于应力松弛在开始时间内松弛速率很大,故时间取0s、2min、1h、12h、24h以全面具体地反映等时曲线的特点。

由滑带剪应力—应变等时曲线可以得出:

(1)不同垂直荷载条件下应力—应变等时曲线均为一条曲线,即是非线性的。松弛应力的增长速率随着初始应变的增大而逐渐减小。

(2)在不同的垂直荷载条件下,随着垂直荷载的增大,同一时刻的应变对应松弛后的应力也随之增大。这与不同垂直荷载条件下的应力松弛规律是相对应的。

(3)100kPa的等时曲线与200kPa、400kPa和800kPa相比,等时曲线的规律并不明显。说明滑带在低垂直荷载条件下,应力松弛速率低,所以松弛特性表现得不是很明显。

(4)在相同应变条件下,随着垂直荷载的增大,剪切应力松弛量越大,应力松弛稳定的时间越长。

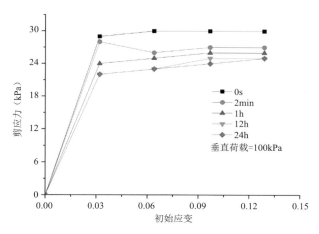

图 8-6 垂直荷载为 100kPa 的剪应力—初始应变等时曲线

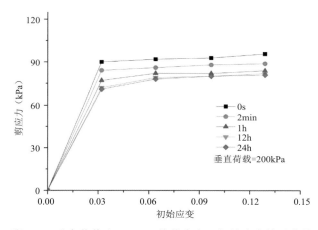

图 8-7 垂直荷载为 200kPa 的剪应力—初始应变等时曲线

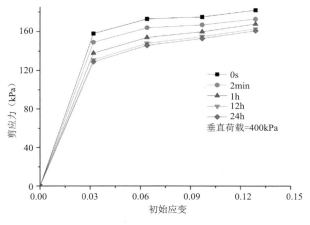

图 8-8 垂直荷载为 400kPa 的剪应力—初始应变等时曲线

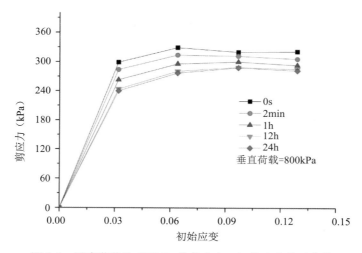

图 8-9　垂直荷载为 800kPa 的剪应力—初始应变等时曲线

8.1.2.3　滑带直剪应力松弛影响因素分析

（1）垂直荷载对滑带应力松弛的影响

图 8-10 至图 8-13 为初始剪应力、稳定剪应力、应力松弛量（开始松弛瞬间的剪应力与松弛稳定后剪应力的差值）、应力松弛比（应力松弛量与初始剪应力的比值）与不同垂直荷载之间的关系曲线，通过这些曲线可以很直观地看出垂直荷载对滑带应力松弛的影响。

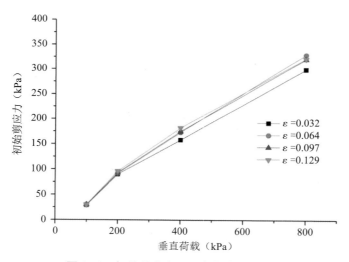

图 8-10　初始剪应力—垂直荷载关系曲线

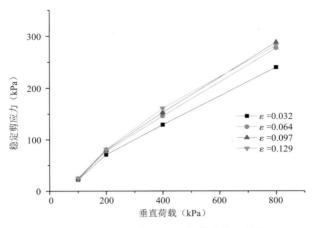

图 8-11 稳定剪应力—垂直荷载关系曲线

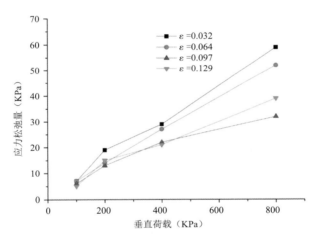

图 8-12 应力松弛量—垂直荷载关系曲线

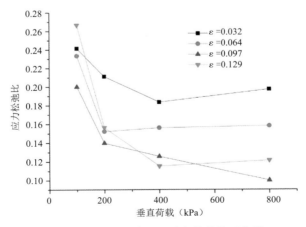

图 8-13 应力松弛比—垂直荷载关系曲线

随着垂直荷载的增大,初始剪应力和稳定剪应力也不断增大,而且大体上呈线性相关。大体上来讲,应力松弛量也随着垂直荷载的增大而增大,只是在不同的初始应变对应相同的垂直荷载,应力松弛量有大有小。应力松弛比基本随着垂直荷载的增大逐渐减小。因为垂直荷载越大,土体被压得越密实,滑带颗粒间的孔隙越小,滑带的结构强度增大,抵抗应力松弛的能力越强。因此垂直荷载越大,应力松弛比越小。在低荷载的条件下,滑带应力松弛比更大。

(2)初始应变对滑带应力松弛的影响

在相同的垂直荷载条件下,随着初始应变的增大,初始剪应力和稳定剪应力也随之增大。表 8-1 和表 8-2 反映了应力松弛量与应力松弛比在不同初始条件下的变化。从表中可以看出,在初始变形为 2mm、4mm、6mm 条件下,同垂直荷载的应力松弛量与应力松弛比均逐渐变小。但在 8mm 的初始变形下应力松弛量与应力松弛比偶尔略有回升,呈现出先减小后增大的趋势。

表 8-1　　　　　　　　　　　　应力松弛量的变化规律

垂直荷载(kPa)	剪切应变			
	0.032	0.064	0.097	0.129
100	7	7	6	5
200	19	14	13	15
400	29	27	22	21
800	59	52	32	39

表 8-2　　　　　　　　　　　　应力松弛比的变化规律

垂直荷载(kPa)	剪切应变			
	0.032	0.064	0.097	0.129
100	0.24137	0.23333	0.2	0.26666
200	0.21111	0.15217	0.13978	0.15625
400	0.18354	0.15607	0.12571	0.11538
800	0.19732	0.15805	0.1	0.12149

8.2　滑带的环剪应力松弛试验

8.2.1　试验方案

环剪仪主要用来测定滑带的残余强度,探求土体结构遭受破坏后,其强度衰减规律。研究土体残余强度是在排水条件下进行的,以完全排除孔隙水压力的影响。环剪

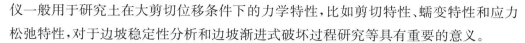

仪一般用于研究土在大剪切位移条件下的力学特性,比如剪切特性、蠕变特性和应力松弛特性,对于边坡稳定性分析和边坡渐进式破坏过程研究等具有重要的意义。

将原状土风干、重塑,配制成环状试样,在真空抽气缸中抽气并饱和24h,分别在100kPa、150kPa、200kPa条件下固结24h。试样在排水条件下采用逐级加载应变的方式进行应力松弛试验,控制其转角在4°、8°、12°。在施加转动时,调整转速为0.03°/min,匀速推进剪切盒,在达到设定的角度时,立即停止推进剪切盒,使其达到应力松弛的条件。每级松弛的时间为24h,然后依次进行下一级的松弛试验。环剪仪的环刀尺寸为100mm(外径)×60mm(内径)×20mm(高),试样面积为50.27cm^2。

环剪应力松弛操作步骤如下:

(1)检查仪器。包括检查仪器各部件是否齐全,检查仪器的调速功能是否良好,检查扭矩显示器是否正常,检查所需要的砝码是否齐全,检查加载轴向荷载的杠杆是否调平,检查角应变的指针是否调零。

(2)装样。依次卸下荷载梁、上剪切盒,然后在剪切盒内放上事先剪好的滤纸,将已制备好的环刀样用环形短柱轻轻推入剪切盒内,在试样上放置环形滤纸。最后依次装上上剪切盒、荷载梁。

(3)加载固结。按照仪器上法向应力与施加砝码量,放置相应的砝码数,施加轴向荷载。调整好百分表,记录开始固结时百分表的读数,在室温条件下固结24h,记录最终的百分表读数。

(4)剪切应力松弛。将扭矩显示器读数调零,按预先设定好的加载速度开始剪切,在达到预定角度时停止剪切。使其松弛24h,记录扭矩的变化。然后再施加下一级角应变,重复上述操作。试验过程中不可对仪器进行扰动,保证试验过程的连续性与独立性。

(5)试验结束后,关闭仪器开关,断开电源。

8.2.2 试验结果与分析

8.2.2.1 不同轴向荷载环剪应力松弛曲线

由于环剪试验采用的是逐级加载应变的方式来进行,因此要将坐标平移,把同一荷载下的不同剪切应变的曲线放在同一坐标轴内进行对比分析。轴向荷载为100kPa、150kPa、200kPa的剪切应力松弛曲线如图8-14至图8-16所示。由于应力松弛普遍规律为初始松弛速率极大,随着时间的推移,松弛速率慢慢减小到0,剪应力趋于稳定。所以在读数时前期数据密度较大,后期数据密度较小。

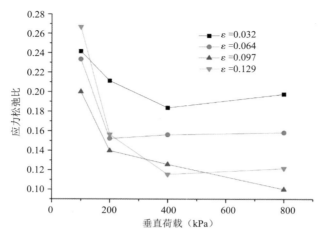

图 8-14 轴向荷载为 100kPa 的剪切应力松弛曲线

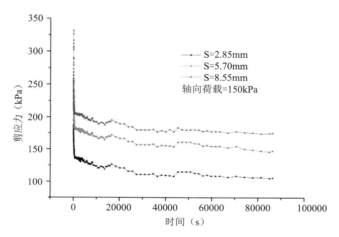

图 8-15 轴向荷载为 150kPa 的剪切应力松弛曲线

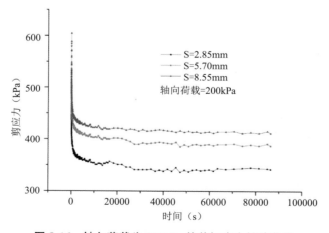

图 8-16 轴向荷载为 200kPa 的剪切应力松弛曲线

不同轴向荷载下滑带环剪应力松弛有以下特点：

（1）环剪应力松弛可以分为三个阶段。①瞬间松弛：剪应力在几分钟内迅速衰减，应力松弛的速率极大，剪应力曲线几乎是垂直下落的。②减速松弛：剪应力持续减小，应力松弛的速率逐渐减小。与直剪应力松弛不同的是，直剪试验的减速松弛阶段的应力松弛量占绝大多数，环剪的瞬间松弛阶段的应力松弛量占绝大多数。③稳定松弛：此阶段应力松弛速率持续减小至 0，剪应力最终趋于稳定，滑带内部颗粒达到新的平衡状态。

（2）同一初始位移下，随着轴向荷载的不断增大，试样对应的各个时间点剪应力也逐渐增大，趋于稳定的剪应力值也相应增大。应力松弛量也逐渐增大。

（3）应力松弛最后稳定的剪应力并没有衰减至 0，表明滑带的应力松弛属于非完全松弛。

（4）直剪应力松弛中，轴向荷载越小，滑带应力松弛时间越长。但在环剪应力松弛结果中，此规律并不明显。

8.2.2.2 不同轴向荷载环剪应力—位移等时曲线

轴向荷载为 100kPa、150kPa、200kPa 的剪切应力—初始位移等时曲线如图 8-17 至图 8-19 所示。与直剪应力松弛相同，取时间 0s、2min、1h、12h、24h 以全面具体地反映等时曲线的特点。

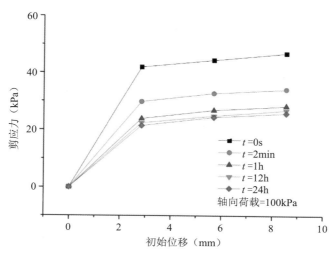

图 8-17　轴向荷载为 100kPa 的剪应力—初始位移等时曲线

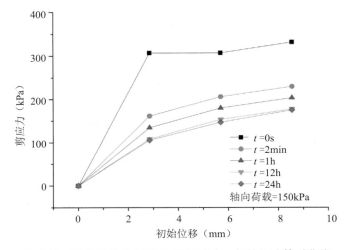

图 8-18 轴向荷载为 150kPa 的剪应力—初始位移等时曲线

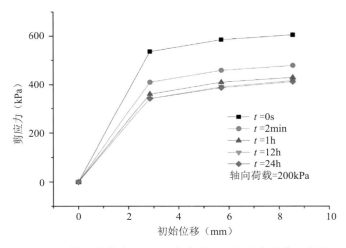

图 8-19 轴向荷载为 200kPa 的剪应力—初始位移等时曲线

可以看出：

（1）不同轴向荷载条件下应力—初始位移等时曲线是非线性的。由于环剪的初始位移等级设置较少，导致此规律并不明显。松弛应力的增长速率随着初始位移的增大而逐渐减小。

（2）在不同初始条件下，随着时间的增长，剪应力均在逐渐减小。但与直剪应力松弛规律不同的是，环剪应力松弛在 2min 松弛量占总松弛量的绝大多数。说明滑带在环剪应力松弛条件下前期松弛得更快。

（3）在相同应变条件下，随着轴向荷载的增大，环剪剪切应力松弛量越大。这与直剪应力松弛的规律类似。

8.2.2.3 滑带环剪应力松弛影响因素分析

（1）轴向荷载对滑带应力松弛的影响

为研究轴向荷载对滑带环剪应力松弛特征的影响,分别绘制初始剪应力、稳定剪应力、应力松弛量、应力松弛比与不同轴向荷载的关系曲线,如图 8-20 至图 8-23 所示。可以看出,初始剪应力、稳定剪应力和应力松弛量都随着轴向荷载的增大而增大。初始剪应力与轴向荷载基本呈线性关系。而稳定剪应力、应力松弛量与轴向荷载是非线性关系。随着轴向荷载的增大,应力松弛比的变化规律出现了起伏,呈现出先增加后减小的趋势。表明在 150kPa 的轴向荷载下,环剪应力松弛的特性更明显。这与直剪应力松弛在低荷载条件下,应力松弛比越大,松弛更完全的规律不同。

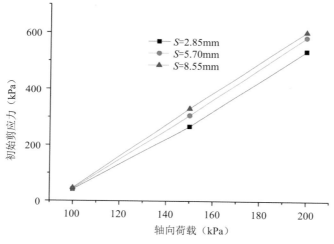

图 8-20 初始剪应力—轴向荷载关系曲线

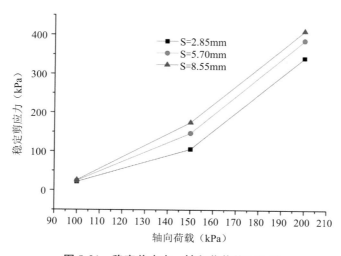

图 8-21 稳定剪应力—轴向荷载关系曲线

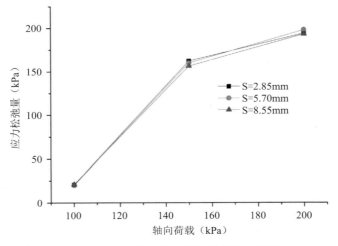

图 8-22　应力松弛量—轴向荷载关系曲线

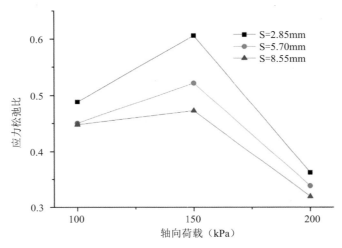

图 8-23　应力松弛比—轴向荷载关系曲线

（2）初始位移对滑带应力松弛的影响

在相同的轴向荷载条件下，随着初始应变的增大，初始剪应力和稳定剪应力也随之增大。表 8-3 和表 8-4 反映了应力松弛量和应力松弛比在不同初始条件下的变化规律。可以看出，随着初始位移的增大，相同轴向荷载下的应力松弛量虽有起伏，但变化不大。但相同条件下，应力松弛比随着初始位移的增大而减小，这与直剪应力松弛的规律一致。说明在低应变条件下，应力松弛的特性更明显。

表 8-3 应力松弛量的变化规律

垂直荷载(kPa)	环剪位移(mm)		
	2.85	5.70	8.55
100	20.46277	19.94999	20.94998
150	162.2406	160.00525	156.39409
200	193.90918	197.80685	192.93476

表 8-4 应力松弛比的变化规律

垂直荷载(kPa)	环剪位移(mm)		
	2.85	5.70	8.55
100	0.48837	0.45023	0.44792
150	0.60545	0.52129	0.47206
200	0.36182	0.33833	0.31935

8.3 滑带的三轴压缩应力松弛试验

8.3.1 试验方案

本次试验采用英国 GDS 三轴仪,能够满足应力松弛试验要求。轴向应力由压力室内部的压力传感器测量,轴向位移由安装在底座上的 LVDT 传感器测量,围压和孔隙水压力分别由 2 个压力体积控制器(VPC)控制,VPC 还可以同时记录样品体积的变化。

由于滑带顶面具有稳定的地下水位线,可以把滑带看成是饱和状态。自主洞和支洞开挖完成后隧道内两侧排水沟内一直有稳定的地下水位,说明滑带处于排水状态。根据原位取样结果配制滑带样,分 6 层压实制成直径和高度分别为 50mm 和 100mm 的三轴试样,将制备好的试样放在真空饱和缸中抽真空 2h,再注入去离子水饱和 48h。

开展固结排水三轴试验(CD)时,为了模拟试样原位的受力状态和排水状态,样品装好后,在压力室注入纯净水进行固结,固结时围压取 600kPa(相当于模拟埋深 30m 左右的滑带),孔隙水压力分别为 300kPa、200kPa、100kPa(模拟隧洞排水导致地下水位降低工况)。结合现场开挖与变形情况,室内试验在 24h 后开始分级加载进行应力松弛试验。试验时,每次增加的轴向应变 $\Delta\varepsilon_1 = 3\%$,并维持 24h 不变,逐步增加 6 级,直至轴向应变达到 18%(曲线无峰值时,破坏点的应变取 15% 的轴向应变处的应力),停止试验。试验数据采集时间间隔为 10s。

8.3.2 试验结果与分析

8.3.2.1 应力—应变关系总体特征

在应力松弛试验过程中,轴向应变的施加速率为 0.02mm/min,轴向应变量控制在 3%。当达到预设应变后保持其不变,观察轴向应力和体积变化。以有效围压 $\sigma'_3=400\text{kPa}$ 为例,滑带在应力松弛试验过程中的应力—应变关系曲线如图 8-24 所示。与传统应力—应变关系不同的是,当应变以一定的速率增加到 3%、6%、9%、12%、15%、18% 时,主应力差会达到该应变阶段性最大值 $\sigma_{Ri-\max}(i=3,6,9,12,15,18)$;当应变保持恒定时,主应力差随着时间的增长而逐渐降低,也就是应力松弛,直到某一应变下的最小主应力差值 $\sigma_{Ri-\min}(i=3,6,9,12,15,18)$。连接应力—应变关系曲线外边界和内边界,可做出 2 条包络线,分别为 $S_{R\max}$ 和 $S_{R\min}$,可见总体应力—应变关系曲线为应变硬化型。当应变从 9% 增加至 18% 的过程中,由于应力松弛的作用局部应力—应变关系曲线类型为应变软化型。

考虑到试样的尺寸 $D=50\text{mm}$,$H=100\text{mm}$,如果定义轴向应变为 15% 时试样达到破坏标准,可以分别求出在不同有效围压条件下峰值破坏强度和残余强度,对应的强度指标 $c_{\max}$、$\varphi_{\max}$ 和 $c_{\min}$、$\varphi_{\min}$,统计结果如表 8-5 所示。由表可知,应力松弛过程中虽然滑带没有额外的力对其进行轴向压缩,由于应力松弛使试样结构重新调整,导致其黏聚强度进一步提高,由该方法得出的峰值强度会大于常规三轴试验得出的强度。同理,达到破坏应变时应力松弛到稳定阶段的抗剪强度接近残余强度,可见,当快速施加轴向应变时滑带表现出来的强度指标较高;当轴向应变速率恒定(或可看成无限小)时,滑带表现出来的松弛强度指标较低,约为峰值强度的 37.96% 和 65.26%。计算滑坡稳定性时,如果采用峰值强度对应的强度指标,则计算出来的稳定性系数需要折减。

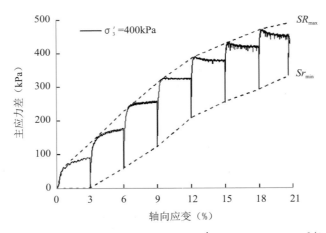

图 8-24　滑带应力—应变关系曲线($\sigma'_3=400\text{kPa}$,$\Delta\varepsilon_1=3\%$)

样品 编号	有效围压 σ'_3(kPa)	最大主 应力差 q_{max}(kPa)	最小 主应力差 q_{min}(kPa)	峰值强度指标		残余强度指标	
				c_{max} (kPa)	φ_{max} (°)	c_{min} (kPa)	φ_{min} (°)
TR-1	300	315.73	157.70				
TR-2	400	434.42	253.16	10.80	19.20	4.10	12.53
TR-3	500	523.34	306.83				

表 8-5 滑带三轴强度指标

8.3.2.2 松弛过程中应力—时间关系曲线

在应力松弛试验过程中,由于轴向应变保持不变(由 LVDT 监测),可绘制主应力差—时间关系曲线。由于上一级加载会对本级松弛造成一定的影响,可采用线性叠加原理对应力松弛试验结果进行处理,得到不同应变水平下滑带的分级加载应力松弛曲线。以有效围压 $\sigma'_3=400$kPa 为例,滑带分级加载应力松弛曲线如图 8-25 所示(已经过归一化平滑处理)。从图中可以看出,应力松弛过程可以明显划分为快速松弛阶段、衰减松弛阶段和稳定松弛阶段。为了便于分析,定义在达到某一恒应变之前主应力差的最大值为 q_{max},在保持某一恒应变时主应力差松弛到最小应力为 q_{min},则应力松弛量为 $\Delta q=q_{max}-q_{min}$,如图 8-26 所示。有效围压 $\sigma'_3=400$kPa,轴向应变 $\varepsilon_1=9\%$。当控制轴向应变增量 $\Delta\varepsilon_1=3\%$ 时则不同有效围压条件下应力松弛量如图 8-27 所示。从图中可以看出,当有效围压固定时,应力松弛量随着轴向应变的增加而增大。当轴向应变接近破坏应变(15%)时,应力松弛量随着有效围压的增加而增大。可知,埋深越深的滑带,开挖后产生的松弛应力越大,这就对衬砌结构的强度要求越高。

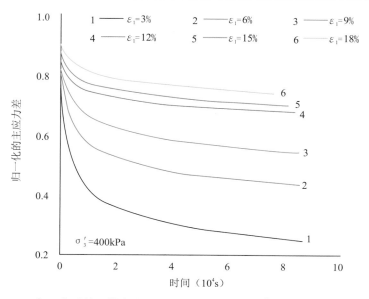

图 8-25 归一化后的滑带主应力差—时间关系曲线($\sigma'_3=400$kPa,$\Delta\varepsilon_1=3\%$)

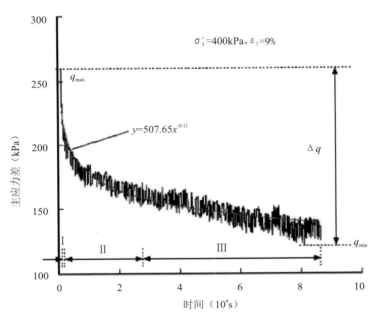

图 8-26 轴向应变为 9% 的松弛应力—时间关系曲线（$\Delta\varepsilon_1 = 3\%$）

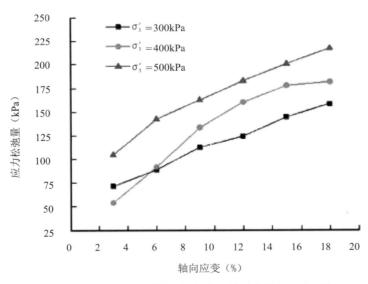

图 8-27 滑带应力松弛量—轴向应变关系曲线（$\Delta\varepsilon_1 = 3\%$）

以有效围压 $\sigma_3' = 400\text{kPa}$，$\varepsilon_1 = 9\%$ 为例，绘制滑带的主应力差—时间关系曲线（图 8-26）。尽管试验温度控制在 25℃ 左右，但是应力松弛曲线受围压和轴向荷载传感器精度以及稳定性的影响还是比较大。滑带三轴应力松弛典型的三个阶段划分及松弛应力分配如下：第Ⅰ阶段时间较短，应力松弛速率非常快，约为 -22.12kPa/min，主应力差降幅为应力松弛量 Δq 的 50.37%；第Ⅱ阶段持续时间较短，应力松弛速率由快逐渐变缓；

第Ⅲ阶段持续时间较长,应力松弛速率基本保持不变,约为-0.02kPa/min,主应力差降幅仅为应力松弛量Δq的13.96%。由此可见,对于滑带而言,其围岩分级为Ⅴ～Ⅵ级,开挖之后如果立即进行支护,这时衬砌上所承受的松弛应力非常大。如果开挖后立即进行原位剪切试验,则在试验仪器安装过程中位移传感器会由于滑带的松弛产生初始位移。

8.3.2.3 残余应力比与应力松弛比

应力松弛量仅能反映不同有效围压条件下滑带的应力松弛量的多少,不能反映其松弛能力及其与有效围压的关系,故定义残余应力比$k=q_{min}/q_{max}$,表征滑带抗松弛的能力。定义应力松弛比$R=\Delta q/\sigma'_3$,为应力松弛量Δq与有效围压σ'_3的比值,这两个值的计算结果如表8-6所示。残余应力比越大,滑带抵抗应力松弛的能力就越大,应力松弛的程度也越低。当有效围压固定时,随着轴向应变的增大,残余应力比增加,如图8-28所示。从图中可以看出,滑带抵抗应力松弛的能力越强,当轴向应变一定时应力松弛比却随着有效围压的增加而减小,如图8-29所示,说明应力松弛量占所受有效固结应力比例在减小。

表 8-6 滑带的应力松弛特征

围压 σ_3(kPa)	孔隙水压力 u(kPa)	轴向应变 ε_1(%)	最大主应力差 q_{max}(kPa)	最小主应力差 q_{min}(kPa)	残余应力比 k	应力松弛比 R
600	300	3	84.96	13.57	0.16	0.24
		6	142.78	54.32	0.38	0.29
		9	201.62	89.26	0.44	0.37
		12	248.70	124.43	0.50	0.41
		15	286.72	142.46	0.50	0.48
		18	315.73	157.70	0.50	0.53
600	200	3	94.75	4.49	0.05	0.23
		6	143.03	51.66	0.36	0.23
		9	243.70	110.21	0.45	0.33
		12	321.42	161.42	0.50	0.40
		15	386.06	208.50	0.54	0.44
		18	434.42	253.16	0.58	0.45
600	100	3	112.56	8.13	0.07	0.21
		6	218.07	75.72	0.35	0.28
		9	316.22	153.78	0.49	0.32
		12	404.99	222.32	0.55	0.37
		15	464.39	264.31	0.57	0.40
		18	523.34	306.83	0.59	0.43

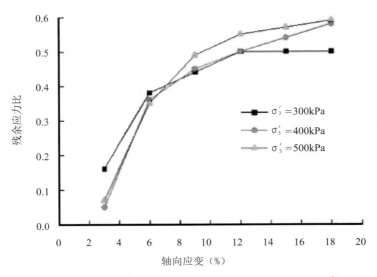

图 8-28　滑带残余应力比—轴向应变关系曲线（$\Delta\varepsilon_1=3\%$）

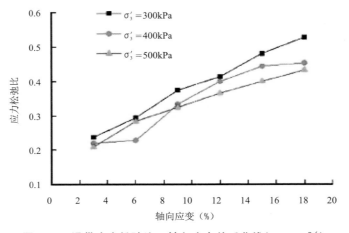

图 8-29　滑带应力松弛比—轴向应变关系曲线（$\Delta\varepsilon_1=3\%$）

8.3.2.4　体积应变

体积应变 ε_v 为三轴试验过程中饱和试样排出水的体积与试样原始体积之比，$\varepsilon_v=\Delta V_{排}/V$。在某一级应力松弛试验过程中饱和滑带的体积应变包括两个部分（图 8-30）：一部分为轴向应变增加时的体变 ε_{v1}，另一部分为轴向应变恒定时体变 ε_{v2}，即 $\varepsilon_v=\varepsilon_{v1}+\varepsilon_{v2}$，$\varepsilon_{v2}\gg\varepsilon_{v1}$。为了便于比较，定义体积变量比 $R_v=\varepsilon_{v2}/\varepsilon_{v1}$。计算结果如表 8-7 所示。由表可知，当有效围压固定时体积变量比随着轴向应变增加而减小；当轴向应变一定时体积变量比随着有效围压的增加而增大；当轴向应变接近破坏应变（15%）时体变增量比接近常数，如图 8-31 所示，说明受支护结构约束的滑带，在开挖卸荷和地下水荷载等外力作用下，存在一定的体积变化。

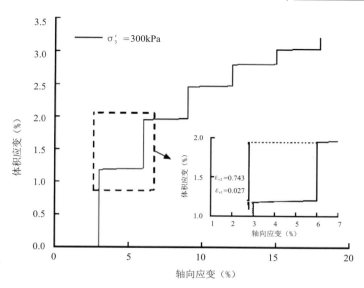

图 8-30　滑带体积应变—轴向应变关系曲线

表 8-7　　　　　　　　　滑带应力松弛过程中体变特征

围压 σ_3（kPa）	孔隙水压力 u（kPa）	轴向应变 ε_1（%）	应变增加时体变增量 ε_{v1}（%）	应变恒定时体变增量 ε_{v2}（%）	体变增量比 R_v（%）
600	300	3	0.029	1.151	39.690
		6	0.027	0.743	27.519
		9	0.025	0.484	19.360
		12	0.020	0.322	16.100
		15	0.016	0.214	13.375
		18	0.012	0.181	14.861
600	200	3	0.030	1.389	45.688
		6	0.028	0.770	28.000
		9	0.025	0.524	21.388
		12	0.016	0.368	22.595
		15	0.022	0.260	11.881
		18	0.010	0.153	15.773
600	100	3	0.016	1.019	62.521
		6	0.024	1.013	41.516
		9	0.023	0.644	27.513
		12	0.021	0.341	15.935
		15	0.015	0.220	14.583
		18	0.013	0.181	14.016

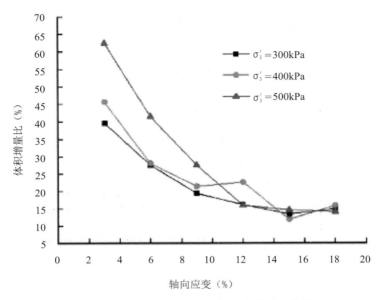

图 8-31　滑带体积增量比—轴向应变关系曲线

8.3.2.5　滑带三轴压缩应力松弛影响因素分析

对于饱和滑带，影响其应力松弛的因素很多，诸如试验方法，采用直剪试验、三轴试验，还是一维固结试验，其应力松弛规律差别较大。除此之外，滑带的矿物成分、化学成分、排水状态、所受应力状态、变形速率、变形量等均会影响其应力松弛规律。本节重点从三轴试验的应变加载速率和应变量两方面来研究滑带应力松弛特征。

（1）应变加载速率对应力松弛的影响

以有效围压 $\sigma'_3 = 400\text{kPa}$，轴向应变 ε_1 从 15% 增加至 18% 为例（图 8-32），对主应力差进行归一化，从图中可以看出，以 0.02mm/min 的应变速率加载到 18% 后，保持轴向应变恒定，此时的应力松弛量和应力松弛速率均小于以 0.6mm/min 的应变速率加载到相同应变（18%）时的值。可以从两方面进行分析：一是应变速率对强度的影响，当以 0.6mm/min 的应变速率从 15% 加载到 18% 时，应力—应变关系曲线为应变硬化型。以 0.02mm/min 的应变速率加载时，应力—应变关系曲线为应变软化型，且主应力差的增量明显小于应变硬化型的值，就导致后者的应力松弛量和应力松弛速率明显偏小。二是加载时间对强度的影响，以 0.02mm/min 的应变速率加载 3% 的应变所需要的时间是 0.6mm/min 的应变速率加载时间的 30 倍，在加载过程中当以较慢的应变加载速率（0.02mm/min）试验时，有一部分主应力差产生松弛，定义为 σ_{R0}，如图 8-33 所示，这部分的应力松弛可达 15.45kPa，占应力松弛量 Δq 的 12.63%。以 0.6mm/min 的应变速率进行加载时应力松弛是从应变加载结束时的峰值强度开始。

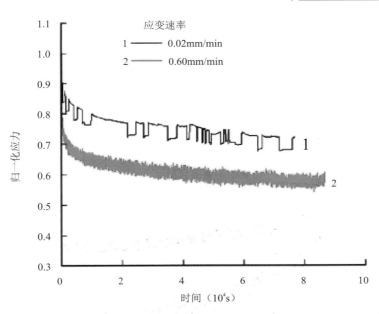

图 8-32 滑带三轴加载应变速率对应力松弛的影响$(\sigma'_3 = 400\text{kPa}, \varepsilon_1 = 18\%)$

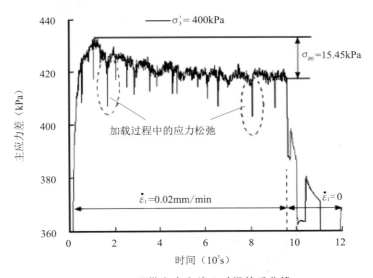

图 8-33 滑带主应力差—时间关系曲线

（2）轴向应变量对应力松弛的影响

轴向应变量对滑带应力松弛的影响分为两种：一种是总的应变量，也就是轴向应变从 0 分级加至某一应变，如 $\Delta\varepsilon_1 = 3\%$、$18\%$，对应力松弛的影响，如图 8-34 所示。从图中可以看出，随着轴向应变的增加，应力松弛量和松弛速率均减小。另一种是单级的应变量，也就是 $\Delta\varepsilon_1 = 2\%$ 或 $\Delta\varepsilon_1 = 3\%$ 时，对应力松弛的影响，又分两种情况：如果应变加载时间相同，则应变速率不同，其对滑带应力松弛的影响分析见 3.1 节。如果加载速率相同,则较小的应变增量($\Delta\varepsilon_1=2\%$)达到同一应变(如 $\varepsilon_1=6\%$)所需时间比较大应变增量($\Delta\varepsilon_1=3\%$)长,滑带的黏聚强度恢复较多,所以峰值应力更大,应力松弛量越小,如图 8-35 所示。以 2% 的轴向应变增量达到 6% 时的应力松弛量为 39%,以 3% 的轴向应变增量达到 6% 时的应力松弛量为 63%。

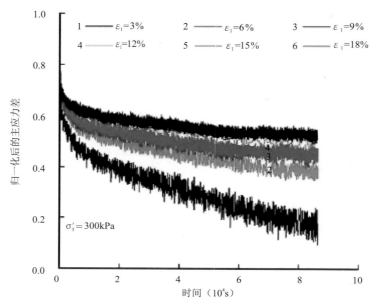

图 8-34　归一化后的不同轴向应变的主应力差—时间关系曲线

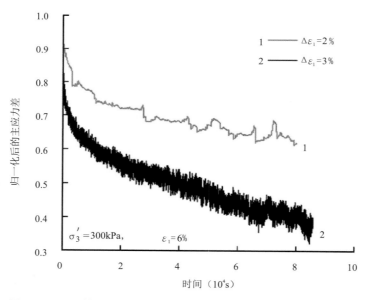

图 8-35　不同轴向应变增量时归一化后的主应力差—时间关系曲线

第9章 循环荷载下滑带直剪强度和疲劳蠕变试验

9.1 试验目的

本章主要研究循环荷载下滑带的排水剪切强度和疲劳蠕变特性,通过GDS直剪仪进行双面排水剪切试验,与黄土坡滑坡利用排水涵洞排水的实际工况相对应。本章研究的循环荷载与其他学者研究的不同点是在滑带达到抗剪强度前施加一段疲劳荷载,并不是全过程的循环加载,这与库区滑坡蠕滑过程库水位周期性升降加剧滑坡蠕滑的实际工况相对应。根据滑带所处位置不同,选取三种垂直固结压力,分别是100kPa、200kPa和400kPa。结合库水位变化引起循环荷载的低频性,选取三种加载频率,分别为0.011Hz、0.017Hz、0.10Hz,正弦波加载。根据国内外学者对动荷载的研究,最终选取循环10次、20次、100次、1000次为循环加载次数。综合考虑了垂直应力、循环频率和循环次数等因素,研究不同疲劳加载条件对滑带的抗剪强度、孔隙水压力和疲劳蠕变的影响。

9.2 试验仪器及试样制备

9.2.1 试验仪器

本次试验所用仪器为GDS直剪仪,由英国GDS仪器设备有限公司生产。该仪器主要由气压室、上下剪切盒、加载设备、控制设备、测量设备和数据采集系统六个部分组成,如图9-1所示。

GDS直剪仪主要技术参数如下:

(1)试样尺寸:75mm×75mm×30mm。

(2)水平位移/荷载控制器:量程±25mm/5kN,精度0.001mm/5N;垂直位移/荷载控制器:量程±15mm/5kN,精度0.001mm/5N;最大频率0.10Hz。

(3)孔隙水压力传感器:量程2MPa,精度1kPa;孔隙气压力传感器:量程2MPa,精度1kPa。

（4）GDS反压/水压控制器：量程3MPa，精度1kPa。

图9-1　GDS直剪仪

9.2.2　试样制备

本试验所用试样为黄土坡滑坡滑带，含砾石较多，天然含水率在14％～15％。而GDS直剪仪试样呈正方块状，试样尺寸为75mm×75mm×30mm，受其尺寸限制，需对野外取回的滑带样进行重塑，剔除砾石。用2mm的标准筛进行筛分，取2mm以下的土颗粒制备试样，共制备重塑试样21个。

9.3　试验方案及数据处理

9.3.1　试验方案

按不同垂直应力、不同频率和不同循环次数三种试验条件，将滑带样分为五组，具体试验方案如表9-1所示。

详细的试验步骤如下：

（1）打开计算机系统及仪器设备的所有开关，检查设备是否正常，与计算机GDSLAB软件系统是否连接。

（2）拧下与反压控制器相连的细导管口，放入装有干净蒸馏水的瓶子内，设置反压控制器快速充水，将蒸馏水吸入反压控制器的储水器内，同时控制吸入蒸馏水的体积为储水器体积的1/2～2/3，若吸入蒸馏水过多或过少将会导致后期反压控制器体积达到最大或最小值而终止试验。

表 9-1   滑带直剪试验方案

试样		含水率（%）	干密度（g/cm³）	垂直应力（kPa）	频率（Hz）	循环次数（次）
类型	编号					
第一组	A-0	14.23	1.97	100	0	0
	A-1-1	14.23	1.97	100	0.011	10
	A-1-2	14.23	1.97	100	0.011	20
	A-1-3	14.23	1.97	100	0.011	100
	A-1-4	14.23	1.97	100	0.011	1000
第二组	A-2-1	14.23	1.97	100	0.017	10
	A-2-2	14.23	1.97	100	0.017	20
	A-2-3	14.23	1.97	100	0.017	100
	A-2-4	14.23	1.97	100	0.017	1000
第三组	A-3-1	14.23	1.97	100	0.10	10
	A-3-2	14.23	1.97	100	0.10	20
	A-3-3	14.23	1.97	100	0.10	100
	A-3-4	14.23	1.97	100	0.10	1000
第四组	B-0	14.23	1.97	200	0	0
	B-1	14.23	1.97	200	0.011	100
	B-2	14.23	1.97	200	0.017	100
	B-3	14.23	1.97	200	0.10	100
第五组	C-0	14.23	1.97	400	0	0
	C-1	14.23	1.97	400	0.011	100
	C-2	14.23	1.97	400	0.017	100
	C-3	14.23	1.97	400	0.10	100

（3）将下剪切盒放入铝制气压室内，并固定在气压室底座，把下剪切盒与水平位移/荷载控制器的推杆相连。

（4）检查上下剪切盒位置，通过 GDSLAB 软件系统调整下剪切盒的位置，使上下剪切盒完全重合。

（5）装样。将陶土板放上湿润的滤纸，试样放在剪切盒上，用自制的推土器将试样缓缓压入剪切盒内，盖上气压室的上盖板，把螺丝钉对角拧紧（图 9-2）。

（6）在气压室盖板上放入钢柱，调整杠杆和轴向位移传感器的位置，使杠杆与钢柱接触，轴向位移传感器与杠杆接触。

（7）打开 GDSLAB 软件系统，将所有传感器数据清零，新建文件夹作为数据保存路径,设置试验步骤。

(a)试样放入剪切盒

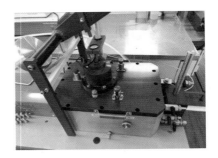
(b)盖上气压室上盖板

图 9-2　装样过程

（8）固结。设置垂直应力,使试样在该应力下至少固结 24h,固结稳定变形标准为 0.005mm/h。本试验中所采用的垂直应力为 100kPa、200kPa、400kPa。

（9）静力剪切。固结完成后保持相应垂直应力不变,采用应变控制的方式施加剪应力,剪切速率为 0.01mm/min,目标值 8mm,以该垂直应力下试样峰值强度的 70% 为本阶段试验终止条件。

（10）疲劳蠕变。静力剪切阶段完成后进入循环加载阶段,该阶段采用应力控制的方式施加剪应力,以该垂直应力下试样峰值强度的 70% 为基准,峰值强度 10% 为幅值,设置频率和加载次数,进行循环加载。本试验中采用加载频率为 0.011Hz、0.017Hz、0.10Hz,正弦波加载,循环加载次数为 10 次、20 次、100 次、1000 次。

（11）继续剪切。循环加载后继续以 0.01mm/min 的剪切速率剪切试样,剪切至目标值 8mm。

（12）检查软件系统页面应力、位移数据和曲线图是否正常,让试验按照设定好的阶段自动进行。

9.3.2　试验数据处理

根据《土工试验方法标准》(GB/T 50123—2019),剪切试验若有峰值出现,则继续剪切至位移为 4mm 时结束试验,取峰值为试样的抗剪强度;若无峰值出现,则应剪切至位移为 6mm 结束试验,取剪切位移 4mm 对应的剪应力为试样的抗剪强度。由于本次试验采用尺寸为 75mm×75mm×30mm 的方形试样,剪切过程无峰值出现时,本试验取剪切位移为 4.85mm 对应的剪应力为抗剪强度。

图 9-3 为不同垂直应力(100kPa、200kPa、400kPa)下的剪应力—剪切位移关系曲线。可以看出,随着剪切位移的增大,剪应力逐渐上升,且剪切初始阶段增速较快,曲

线斜率大,接近直线,后期增速减缓,有趋于稳定的趋势;整个剪切过程并未出现明显的峰值,试样均表现出明显的应变硬化现象;垂直应力越大,对应的剪应力越大,剪应力随着剪切位移上升的曲线斜率越大。取剪切位移 4.85mm 对应的剪应力为三种不同垂直应力下试样(A-0、B-0、C-0)的抗剪强度,分别为 77.46kPa、144.30kPa、193.48kPa。

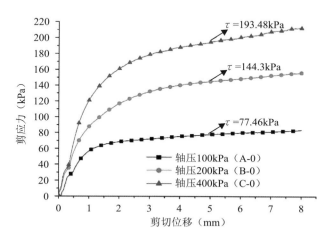

图 9-3   不同垂直应力下剪应力—剪切位移关系曲线

以常规直剪试验得出的不同垂直应力条件下的抗剪强度为基础,取每种垂直应力下的抗剪强度的 70%(54.22kPa、101.01kPa、135.44kPa)为基准,10%(7.75kPa、14.43kPa、19.35kPa)为幅值,进行不同垂直应力、不同频率、不同循环次数等条件下的循环蠕变试验,即在试样达到抗剪强度或峰值强度前对其施加一段循环荷载,研究该段循环荷载对滑带剪切强度的影响。定义抗剪强度降比 γ_τ:

$$\gamma_\tau = (\tau_0 - \tau_x)/\tau_0 \tag{9.1}$$

式中:γ_τ 为抗剪强度降比;τ_0 为常规直剪试验下试样的抗剪强度;τ_x 为循环蠕变作用下试样的抗剪强度。

利用 γ_τ 的大小来评判不同条件下滑带试样受疲劳荷载影响程度的强弱。将疲劳荷载下试样剪切过程分为静力剪切第一阶段、循环加载阶段和静力剪切第二阶段,具体剪切过程和循环加载阶段如图 9-4 和图 9-5 所示。

根据库伦摩尔准则确定土体抗剪强度参数,用黏聚力和内摩擦角描述。表 9-2 为常规剪切和循环剪切试验下滑带的抗剪强度参数。可知,在同一循环次数(100 次)、不同循环频率下滑带的黏聚力值显著降低,降幅在 13.52%～25.19%,内摩擦角基本不变。说明循环荷载对滑带排水剪切强度参数黏聚力值影响较大,对内摩擦角基本没影响,循环荷载对滑带抗剪强度的弱化主要是通过黏聚力衰减来实现的。

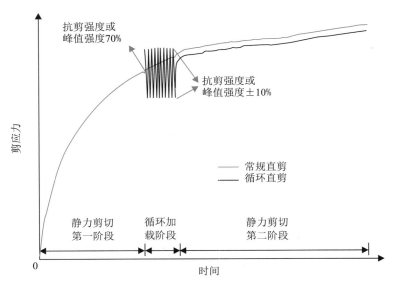

图 9-4　常规剪切与循环剪切试验过程对比

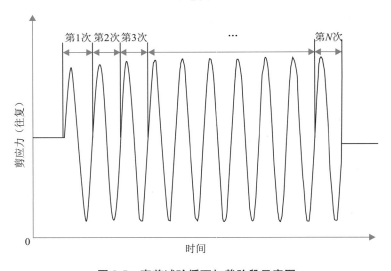

图 9-5　直剪试验循环加载阶段示意图

表 9-2　　　　　　　　　　　　　　　　滑带抗剪强度参数表

试验类别	不同垂直应力下的抗剪强度（kPa）			黏聚力 c（kPa）	内摩擦角 $\varphi(°)$
	100	200	400		
常规剪切	77.46	144.30	193.48	52.87	20.13
循环剪切	65.70	128.14	180.44	39.55	20.06
	68.42	132.72	183.19	43.19	20.00
	72.07	136.01	188.72	45.72	20.35

9.4 垂直应力对滑带强度和疲劳蠕变的影响试验

9.4.1 垂直应力对滑带疲劳直剪强度的影响

为研究循环荷载下垂直应力对滑带抗剪强度的影响,进行同一循环次数(100次)、不同加载频率(0.011Hz、0.017Hz、0.10Hz)、不同垂直应力(100kPa、200kPa、400kPa)的直剪试验,得出三组数据。分析可得,不同垂直应力下的滑带的循环加载试验较同条件下的常规直剪试验(A-0、B-0、C-0)静力剪切第二阶段剪应力显著降低。整个剪切过程滑带试样的剪应力随着剪切位移的增加而增大,且垂直应力越大,剪应力越大,对应的剪应力增速越大。每组试样的剪应力—剪切位移关系曲线变化趋势相同,静力剪切第一阶段初期表现出明显的弹性变形,剪应力随着剪切位移的增大呈线性增加;少数试样(B-2、B-3)在第一阶段后期曲线开始弯曲,进入弹塑性变形阶段;所有试样均在剪切位移达到2mm前进入循环加载阶段。循环加载时,随着循环次数的增加,循环曲线间距逐渐变小,越来越紧密,反映了土体的疲劳剪切蠕变前期较大,后期逐渐减缓。静力剪切第二阶段,剪应力随剪切位移增大的速率逐渐变缓,试样最终稳定为塑性变形。整个剪切过程未出现峰值,应变硬化现象明显。

如图 9-6 所示,静力剪切第一阶段三种不同垂直应力下试样的剪应力具有明显区别,剪切位移在 0.35mm 内,A-1-3 和 B-1 号试样的剪应力基本相同,C-1 号试样的剪应力以高于其 2 倍速度增长;随着剪切位移的继续增加,B-1 号试样剪应力增速变大,剪应力逐渐高于 A-1-3 号试样。在循环加载阶段,垂直应力和振幅越大,初始的疲劳蠕变间距越大,对应的土体剪切位移增量也越大;随着循环次数的增加,疲劳蠕变间距逐渐减小,剪切位移增量也逐渐变小。静力剪切第二阶段,A-1-3 号试样的剪应力增幅最小,曲线逐渐持平于横轴;而 B-1 和 C-1 号试样的剪应力以相近的速率增加,曲线接近平行。A-1-3、B-1、C-1 号试样对应的抗剪强度分别为65.70kPa、128.14kPa、180.44kPa,较常规直剪试验下的抗剪强度分别降低了 15.18%、11.20%、6.74%,即同一循环次数和频率,随着垂直应力的增大,滑带在循环荷载下的抗剪强度降比逐渐减小。

由图 9-7 可知,静力剪切第一阶段,A-2-3、B-2、C-2 号试样剪切位移在0.25mm范围内时,剪应力相差较小,三条曲线近乎重合,继续剪切,B-2、C-2 号试样剪应力增速变大,C-2 最大,B-2 次之,A-2-3 最小;且 B-2 号试样在剪切至约 1mm 时,剪应力—剪切位移关系曲线开始弯曲,在循环加载前进入弹塑性变形阶段,开始剪切破坏,因此,其在循环加载初期便产生较大的剪切位移。循环加载阶段,随着循环次数的增加,各试样的疲劳蠕变间距逐渐减小,疲劳蠕变形状向椭圆形发展。静力剪切第二阶段,C-2号试样剪应力保持稳定增长,仍呈曲线变化;而 B-2 号试样剪应力以平行于纵轴的形式短暂上升,随后呈直线变化,斜率较小,逐渐趋于稳定,主要是由于试样在循环加载前便发生破坏,循环加载加剧了试样的破坏,随着循环次数的增加,土体剪切位移增量越来越小,甚至为负,若继续产生变形须增加应力,试样产生应变硬化,致使循环加载结束后,试样剪应力急剧上升;A-2-3 号试样开始呈曲线缓慢增长,逐渐稳定。A-2-3、B-2、C-2 号试样抗剪强度分别为 68.42kPa、132.72kPa、183.19kPa,分别降低了11.67%、8.03%、5.32%。该组试样与上组所得结论相同,即垂直应力越大,循环荷载作用下滑带的抗剪强度降比越小。

由图 9-8 可知,该组试样在静力剪切第一阶段曲线与频率 0.017Hz 的相似,剪切位移在 0.2mm 内,三个不同垂直应力的试样剪应力基本相同,曲线重合;随着剪切位移继续增加,B-3、C-3 号试样的剪应力增速变大,且 B-3 号试样剪应力—剪切位移关系曲线发生弯曲。静力剪切第二阶段,B-3、C-3 号试样剪应力保持非线性增长,增速逐渐变小;A-3-3 号试样剪应力增速较慢,逐渐平稳。A-3-3、B-3、C-3 号试样的抗剪强度分别为 72.07kPa、136.01kPa、188.72kPa,分别降低了 6.96%、5.75%、2.46%,该组试样所得结论与前面两组相同,即随着垂直应力的增大,循环荷载对滑带剪切强度的影响减弱,其抗剪强度降幅减小。

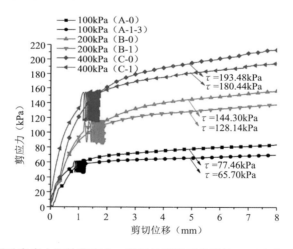

图 9-6　不同垂直应力下的剪应力—剪切位移关系曲线($N=100$ 次,$f=0.011$Hz)

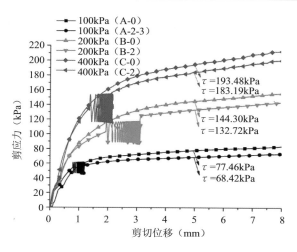

图 9-7 不同垂直应力下的剪应力—剪切位移关系曲线($N=100$ 次, $f=0.017\mathrm{Hz}$)

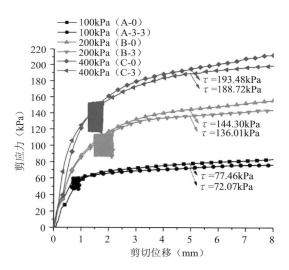

图 9-8 不同垂直应力下的剪应力—剪切位移关系曲线($N=100$ 次, $f=0.10\mathrm{Hz}$)

总结以上可得出如下结论:不同的循环加载频率下,垂直应力对滑带剪切强度的影响规律相同。具体表现为同一频率下,随着垂直应力的增大,滑带试样的剪应力增大,其抗剪强度变大,抗剪强度降比逐渐减小。主要由于在高垂直应力下固结,土体更密实,滑带中的土颗粒产生较强的联结,土颗粒之间的咬合作用也随着垂直应力的增加而增强,产生相同的变形时,所需的剪应力就越大。

统计垂直应力影响下滑带抗剪强度降比(表 9-3),将不同频率下的滑带的抗剪强度降比—垂直应力关系进行拟合,得出关系式: $\gamma_\tau = a\sigma + b$,滑带的抗剪强度降比与垂直应力呈线性关系,抗剪强度降比随着垂直应力的增大而减小,关系曲线拟合度高(表 9-4)。

表 9-3　　　　　　垂直应力影响下滑带的抗剪强度降比统计表（$N=100$ 次）

频率（Hz）	轴向应力（kPa）	抗剪强度（kPa）	抗剪强度降比
0	100	77.46	0
	200	144.30	0
	400	193.48	0
0.011	100	65.70	0.1518
	200	128.14	0.1120
	400	180.44	0.0674
0.017	100	68.42	0.1167
	200	132.72	0.0803
	400	183.19	0.0532
0.10	100	72.07	0.0696
	200	136.01	0.0575
	400	188.72	0.0246

表 9-4　　　　　　　　　　　　拟合参数表

循环频率（Hz）	a	b	相关系数
0.011	−0.0003	0.1741	0.9755
0.017	−0.0002	0.1303	0.9265
0.10	−0.0002	0.0861	0.9950

9.4.2　垂直应力对滑带疲劳直剪蠕变的影响

由图 9-9 可知，相同的循环次数和频率、不同垂直应力条件下的滑带疲劳蠕变—循环次数关系曲线变化规律相同，呈双曲线形式变化，可分为线性增长期、非线性增长期和平稳期三个阶段。循环加载初期即线性增长期，疲劳蠕变随着循环次数的增加呈线性增加，且垂直应力和振幅越大，增速越大；随着循环继续进行，疲劳蠕变随着循环次数的增加呈非线性变化，增速逐渐变缓，进入非线性增长期；应变最终趋于稳定，进入平稳期发展；在前 20 次循环内，疲劳蠕变可达到总应变的 75%～80%。单位循环内的疲劳蠕变增量随着循环次数的增加逐渐减小至零；单位循环内的疲劳蠕变随着循环次数的增加逐渐减小，最终趋于稳定值，随着垂直应力和振幅的增大逐渐增大；垂直应力和振幅越大，试样最终的累积疲劳蠕变越大。

由图 9-10 和图 9-11 可知，频率为 0.017Hz 和 0.10Hz 滑带疲劳蠕变—循环次数关系曲线变化规律与频率为 0.011Hz 的基本相同。但 B-2、C-2 号试样的累积疲劳蠕变却高于 B-3、C-3 号试样，结合其剪应力—位移关系曲线分析可得，B-2、C-2 号试样在循环加载前便已进入弹塑性阶段，产生剪切破坏，进行循环加载后，破坏加剧。可能是由于在制样过程中，试样之间存在差异性。

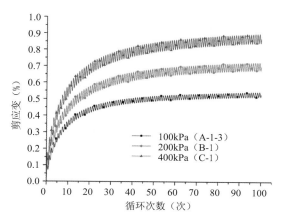

图 9-9　不同垂直应力下的剪应变—循环次数关系曲线($N=100$ 次,$f=0.011$Hz)

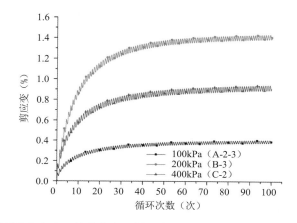

图 9-10　不同垂直应力下的剪应变—循环次数关系曲线($N=100$ 次,$f=0.017$Hz)

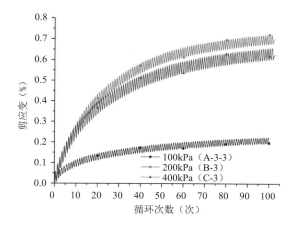

图 9-11　不同垂直应力下的剪应变—循环次数关系曲线($N=100$ 次,$f=0.10$Hz)

9.5 频率对滑带强度和疲劳蠕变的影响试验

9.5.1 循环频率对滑带疲劳直剪强度的影响

在同一垂直应力(100kPa)、不同循环次数(循环 10 次、20 次、100 次、1000 次)条件下进行不同循环加载频率(0.011Hz、0.017Hz、0.10Hz)的疲劳蠕变直剪试验,并统计试验数据结果,研究不同加载频率对滑带剪切强度的影响。分析可知,在同一垂直应力和循环次数条件下,循环频率越大,滑带试样的抗剪强度降幅越小。

由图 9-12 至图 9-15 可知,循环 10 次时,A-1-1、A-2-1、A-3-1 号试样的抗剪强度分别为 69.64kPa、72.15kPa、76.12kPa,强度分别降低了 10.10%、6.86%、1.73%。循环 20 次时,A-1-2、A-2-2、A-3-2 号试样的抗剪强度分别为 67.67kPa、71.42kPa、73.06kPa,强度分别降低了 12.64%、7.80%、5.68%。循环 100 次时,A-1-3、A-2-3、A-3-3 号试样的抗剪强度分别为 65.70kPa、68.42kPa、72.07kPa,强度分别降低了 15.18%、11.67%、6.96%。循环 1000 次时,A-1-4、A-2-4、A-3-4 号试样的抗剪强度分别为 63.31kPa、65.81kPa、67.60kPa,强度分别降低了 18.27%、15.04%、12.73%。

综上可知,不同的循环次数下,循环频率对滑带剪切强度的影响规律一致。具体表现为同一循环次数下,随着循环频率的增大,滑带试样的抗剪强度降比逐渐减小。主要是由于加载频率越高,荷载作用时间越短,试样强度越高,抗剪强度降幅越小。

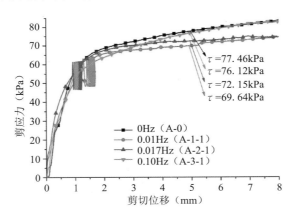

图 9-12 不同加载频率下的剪应力—剪切位移关系曲线($\sigma = 100\text{kPa}, N = 10$ 次)

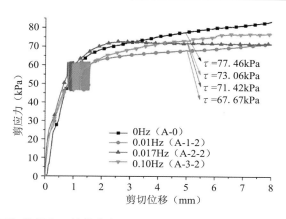

图 9-13 不同加载频率下的剪应力—剪切位移关系曲线($\sigma = 100\text{kPa}, N = 20$ 次)

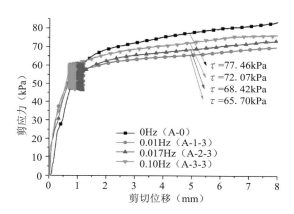

图 9-14 不同加载频率下的剪应力—剪切位移关系曲线($\sigma = 100\text{kPa}, N = 100$ 次)

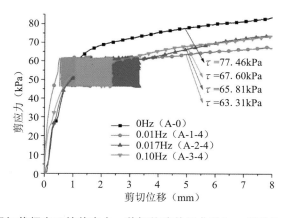

图 9-15 不同加载频率下的剪应力—剪切位移关系曲线($\sigma = 100\text{kPa}, N = 1000$ 次)

统计循环频率对滑带抗剪强度降比的影响(表 9-5),对不同循环次数下的抗剪强度降比与循环频率的关系进行拟合,得出关系式:$\gamma_\tau = af^b$。可知,滑带抗剪强度降比与循环频率呈幂函数关系,滑带的抗剪强度随着频率的增大而增大,曲线拟合度较高,如表 9-6 所示。

表 9-5 　　　　　　　　　　　　循环频率影响下的抗剪强度降比统计表

循环次数(次)	循环频率(Hz)	抗剪强度(kPa)	抗剪强度降比
0	0	77.46	0
10	0.011	69.64	0.1010
	0.017	72.15	0.0686
	0.10	76.12	0.0173
20	0.011	67.67	0.1264
	0.017	71.42	0.0780
	0.10	73.06	0.0568
100	0.011	65.70	0.1518
	0.017	68.42	0.1167
	0.10	72.07	0.0696
1000	0.011	63.31	0.1827
	0.017	65.81	0.1504
	0.10	67.60	0.1273

表 9-6 　　　　　　　　　　　　　　　　拟合参数表

循环次数(次)	a	b	相关系数
10	0.0028	−0.793	0.9995
20	0.0268	−0.309	0.8067
100	0.0317	−0.335	0.9775
1000	0.0901	−0.144	0.8619

9.5.2　循环频率对滑带疲劳直剪蠕变的影响

由图 9-16 至图 9-19 可知,滑带试样在不同加载频率下的疲劳蠕变—循环次数关系曲线变化规律相同。滑带试样在循环加载阶段的疲劳蠕变随着循环加载次数的增加而增大,且在加载初期增幅较大,在循环 10 次范围内,疲劳蠕变随着循环次数的增加几乎呈线性增大,后期逐渐减小,为非线性增加,最终趋于稳定;单位循环内的疲劳蠕变增量随着循环次数的增加逐渐减小,随着加载频率的增大也逐渐减小,最终趋于一个稳定值;在前 100 次循环内,随着加载频率的增大,滑带试样在循环加载阶段产生的累积疲劳蠕变逐渐减小。当试样循环次数达到 1000 次时,疲劳蠕变—循环次数关系曲线变化规律与低次数循环(100 次以内)下基本相同,而产生的累积疲劳蠕变却为

0.017Hz下的最大。可知,试样的疲劳蠕变—循环次数关系曲线分为三个阶段:线性增长期、非线性增长期、平稳期。在线性增长期疲劳蠕变随着循环次数的增加而大幅增加,且 A-2-4 号试样表现得更为明显,曲线接近纵轴,在循环前 50 次内,疲劳蠕变达到总应变的 75%,土体结构破坏迅速,后期土体结构趋于稳定,曲线逐渐持平于横轴,从非线性增长期向平稳期发展。结合其剪应力—位移关系曲线分析,该试样在进入循环加载阶段前应力—位移关系曲线已发生弯曲,进入弹塑性变形阶段。因此,试样在循环加载阶段初期便发生了明显的剪切破坏,造成疲劳蠕变增量大幅增加,累积疲劳蠕变达 2.44%,为三者最大。A-3-4 号试样的疲劳蠕变—循环次数关系曲线非线性增长期较长,在循环前 500 次内,疲劳蠕变达到总应变的 90%,后期逐渐稳定。

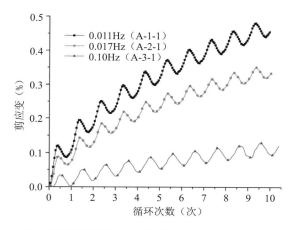

图 9-16 不同加载频率下的剪应变—循环次数关系曲线($\sigma = 100$kPa,$N = 10$ 次)

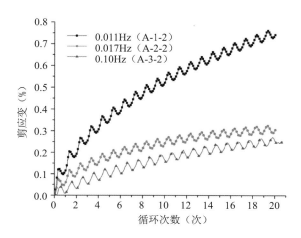

图 9-17 不同加载频率下的剪应变—循环次数关系曲线($\sigma = 100$kPa,$N = 20$ 次)

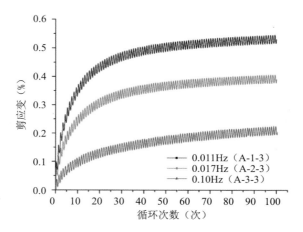

图 9-18　不同加载频率下的剪应变—循环次数关系曲线$(\sigma=100\text{kPa}, N=100$ 次$)$

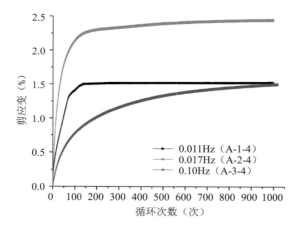

图 9-19　不同加载频率下的剪应变—循环次数关系曲线$(\sigma=100\text{kPa}, N=1000$ 次$)$

第 10 章　循环荷载下滑带三轴强度和疲劳蠕变试验

10.1　试验目的

为了模拟已处于蠕滑状态的黄土坡滑坡在库水位升降、地下水波动、地面交通荷载等循环荷载下的疲劳蠕变特性,本章开展循环荷载下滑带的三轴固结不排水剪切强度和疲劳蠕变试验。根据滑带的埋置深度,让试样在 100kPa、200kPa 和 400kPa 围压下进行排水固结;然后剪切至某一应力条件,再开展疲劳蠕变试验,循环频率分别为0.011Hz、0.017Hz 和 0.10Hz,波形为正弦波;循环次数为 10 次、20 次、100 次、1000次。综合考虑围压、循环频率和循环次数对滑带强度和疲劳蠕变的影响。

10.2　试验仪器及试样制备

10.2.1　试验仪器

本次试验采用西安康拓力仪器设备有限公司生产的 KTL 全自动三轴系统,该仪器由体积压力控制器、应力控制加载架、三轴压力室、数据采集仪、电脑及软件部分组成,如图 10-1 所示。体积压力控制器有围压控制器和反压控制器两种,通过 USB 连接 PC 控制,键盘配有彩色 LCD 显示,可迅速达到压力或体积设定值。应力控制加载架为静态加载架,但可完成动态力和位移的曲线控制,自带彩色 LCD 显示器和控制面板,可在控制面板上调整力、位移及速率等参数,实时显示设备状态及错误提示。三轴压力室由有机玻璃材料制成,配有外置荷载传感器和孔压传感器,且孔压传感器与八通道数据采集仪相连,其余传感器与计算机相连,通过计算机系统里的 GeoSmartLab岩土综合测试软件实现数据的自动记录和曲线的实时显示。该仪器可进行标准饱和固结试验、标准三轴测试试验、应力路径试验及高级加载试验。本次试验主要应用高级加载功能中的低频疲劳蠕变测试。

仪器主要技术参数如下：

(1)试样尺寸。直径 61.8mm,高 125mm。

(2)应力控制加载架。轴向力量程 50kN,精度 0.0001kN;轴向位移量程 100mm,精度 0.00001mm;最大频率 0.10Hz。

(3)围压和反压控制器。量程 2MPa,精度 0.1kPa。

(4)压力室。耐压能力 2MPa,轴向顶杆直径 25mm。

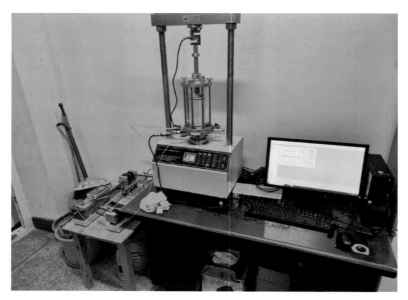

图 10-1　KTL 全自动三轴系统

10.2.2　试样制备

本试验采用黄土坡滑坡滑带,试样制备过程如下:

(1)试样风干、碾碎,按设计方案配制成不同含水率的试样,保湿待用。

(2)根据圆柱形制样器尺寸计算出试样的体积和重量。

(3)将饱和器拆开分为三瓣,在其内壁涂抹凡士林后再组装好;将称好的试样倒入制样器,利用击实器分 5 层击实试样,每层高度约 2.5cm,击数在 25～30 次,以保证每层试样的密度一致;且进行下一层击实时,需将每层表面刮毛,使其与上层试样充分接触,避免分层现象,保证试样的整体性。

(4)试样制备好后垫上滤纸和透水石,固定饱和器,放入真空缸,抽气饱和后待用。

10.3 试验方案及数据处理

10.3.1 试验方案

本次试验共制备重塑滑带样 21 个,根据不同围压、加载频率、加载次数将试样分为五组,各组试样具体参数如表 10-1 所示。

表 10-1 滑带三轴压缩试验方案

试样		含水率 （%）	干密度 （g/cm³）	有效围压 σ'_3（kPa）	加载频率 （Hz）	循环次数 （次）
分组	编号					
第一组	D-0	14.23	1.97	100	0	0
	D-1-1	14.23	1.97	100	0.011	10
	D-1-2	14.23	1.97	100	0.011	20
	D-1-3	14.23	1.97	100	0.011	100
	D-1-4	14.23	1.97	100	0.011	1000
第二组	D-2-1	14.23	1.97	100	0.017	10
	D-2-2	14.23	1.97	100	0.017	20
	D-2-3	14.23	1.97	100	0.017	100
	D-2-4	14.23	1.97	100	0.017	1000
第三组	D-3-1	14.23	1.97	100	0.10	10
	D-3-2	14.23	1.97	100	0.10	20
	D-3-3	14.23	1.97	100	0.10	100
	D-3-4	14.23	1.97	100	0.10	1000
第四组	E-1	14.23	1.97	200	0	0
	E-2	14.23	1.97	200	0.011	100
	E-3	14.23	1.97	200	0.017	100
	E-4	14.23	1.97	200	0.10	100
第五组	F-1	14.23	1.97	400	0	0
	F-2	14.23	1.97	400	0.011	100
	F-3	14.23	1.97	400	0.017	100
	F-4	14.23	1.97	400	0.10	100

试验详细步骤如下:

(1)检查仪器。打开计算机系统及各仪器设备开关,检查设备显示是否正常。

(2)围压控制器充水,充水完成后将粗导管口向上抬起,将导管内空气排出,再将导管口与加载架底座控制围压的阀门相连,在围压控制器键盘显示屏上设置围压为0。

(3)反压控制器充水,在反压控制器上设置5kPa初始压力,将导管内空气排出。

(4)装样。水中取出试样→打开饱和器→试样脱模→垫滤纸和透水石→放在加载架底座并对齐→套橡皮膜→套O形圈→盖上压力帽→安装压力室→对角拧紧螺杆。

(5)接触试样。安装好压力室后,手动调节轴向顶杆,使顶杆与试样接触;在加载架显示屏上设置0.005kN的接触力,使加载架底座缓缓上升,使轴向顶杆与加载架接触。

(6)压力室注水。利用抽水泵向压力室内注满清水,直至水从压力室顶部的通气孔流出并持续一会,将压力室内气体排尽后停止注水。

(7)连接仪器。打开电脑系统的GeoSmartLab岩土综合测试软件,新建文件夹保存数据,将应力控制加载架、围压控制器、反压控制器和八通道数据采集仪与电脑系统相连。对所有传感器的数据进行清零设置。

(8)饱和与固结试样。样品饱和:由于橡皮膜与试样之间充有空气,在固结前先让试样再次反压饱和。固结:设置有效围压,让试样在该围压下等向固结,以孔隙水排出量小于1mm³/min为固结完成标准。本次试验采用的有效应力分别为100kPa、200kPa、400kPa。

(9)静力剪切。该阶段保持有效应力不变,以0.075mm/min的剪切速率剪切试样,目标值是25mm(轴向应变达20%),以该有效围压下试样峰值强度70%为终止条件。

(10)疲劳蠕变。以该有效围压下试样峰值强度的70%为基准,峰值强度5%为幅值,设置频率和加载次数,进行循环加载试验。

(11)继续剪切。循环加载完成后,如果位移没有达到25mm,继续以0.075mm/min的剪切速率剪切试样,直至目标值25mm(轴向应变达20%)。

(12)点击GeoSmartLab岩土综合测试软件页面的start命令开始试验。检查围压、反压曲线是否正常,让试验按照设定好的阶段自动进行。

10.3.2　试验数据处理

本次进行的试验为固结不排水剪切试验(即CU试验),根据《土工试验方法标准》(GB/T 50123—2019),选取剪切应变速率为0.075mm/min,试样剪切至轴向应变为20%。剪切过程若无峰值出现,取轴向应变为15%时的应力为滑带的强度值。

（1）常规三轴试验数据处理

图10-2为不同围压（D-0、E-1、F-1）下滑带的偏差应力—轴向应变关系曲线。可知，偏差应力随着轴向应变的增加而增加，初始阶段呈线性增长，为弹性变形；随着应变的继续增加，曲线开始弯曲，偏差应力增速逐渐放缓，发生弹塑性变形；试样最终稳定为塑性变形。整个剪切过程并未出现峰值，试样发生应变硬化现象。随着围压的增大，相应的偏差应力越大。以轴向应变15%对应的偏差应力为滑带的强度值，三种有效围压下滑带的强度分别为219.70kPa、229.89kPa、252.19kPa。

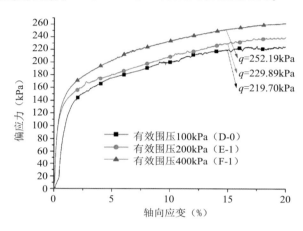

图10-2　不同围压下偏差应力—轴向应变关系曲线

（2）循环加载试验数据处理

以常规的固结不排水剪切试验得出的滑带的强度值为基础，取不同围压下滑带强度的70%为基准，5%为幅值，进行循环加载试验，研究不同围压、不同循环次数、不同循环频率对滑带三轴固结不排水剪切强度的影响。定义强度降比 γ_q：

$$\gamma_q = (q_0 - q_x)/q_0 \tag{10.1}$$

式中：q_0 为常规固结不排水剪切试验下的强度，kPa；q_x 为循环荷载作用固结不排水剪切试验下的强度，kPa。

因此，可利用 γ_q 的大小来评判不同试验条件对滑带三轴固结不排水剪切强度的影响。

将循环荷载作用下的固结不排水剪切试验过程分为三个阶段，即静力剪切第一阶段、循环加载阶段和静力剪切第二阶段，具体剪切过程和循环加载阶段如图10-3和图10-4所示。

根据摩尔—库伦准则确定滑带固结不排水剪切强度参数，如表10-2所示。可知，滑带的不排水剪切强度主要由黏聚力提供，内摩擦角较小。同一循环次数（100次）、不同循环频率下滑带的不排水剪切强度参数较常规三轴显著降低,降幅为 13.94% ～ 21.81%;内摩擦角增大,增幅为 1.69% ～ 35.81%。

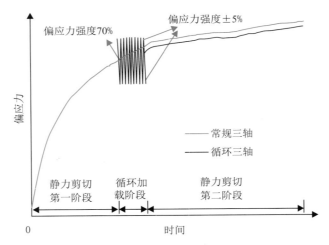

图 10-3　滑带常规三轴与循环三轴试验过程对比

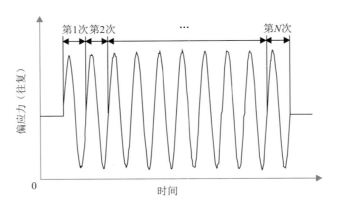

图 10-4　滑带三轴试验循环加载阶段示意图

表 10-2　　　　　　　　　　滑带固结不排水剪切强度参数表

试验类别	不同围压下的强度(kPa)			黏聚力 c(kPa)	内摩擦角 φ(°)
	100	200	400		
常规三轴	219.70	229.89	252.19	99.03	2.96
循环三轴	196.54	214.30	241.87	85.23	3.98
	184.96	208.27	231.72	80.70	4.02
	172.73	187.62	206.61	77.43	3.01

10.4　围压对滑带强度和疲劳蠕变的影响试验

10.4.1　围压对滑带疲劳三轴强度的影响

为了研究不同围压下疲劳蠕变对滑带强度的影响,进行同一循环次数(100次)、不同加载频率(0.011Hz、0.017Hz、0.10Hz)、不同围压(100kPa、200kPa、400kPa)下的三轴试验。其中,D-0、E-1、F-1号试样为三种不同围压下的常规固结不排水剪切试验,其余试样在剪切过程均施加循环荷载,进行疲劳蠕变试验。分析可得,所有试样的偏差应力—轴向应变曲线变化趋势相同。整个固结不排水剪切试验过程,滑带的偏差应力随着轴向应变的增加逐渐增大,且围压越大,偏差应力越大,所有试样均在轴向应变达到3%之前进入循环加载阶段。同一围压下,静力剪切第一阶段,常规试验和循环加载试验下的偏差应力相差较小;静力剪切第二阶段,循环加载试验下的偏差应力明显低于常规试验下的,且循环蠕变对土体结构破坏明显,造成静力剪切第二阶段试样的偏差应力—轴向应变关系曲线波动不平稳;循环加载阶段,疲劳蠕变曲线随着循环次数的增加变得越来越紧密,即土体的轴向疲劳蠕变在循环前期较大,后期逐渐变小;剪切过程试样均未出现峰值,应变硬化现象明显。

如图10-5所示,D-1-3、E-2、F-2号试样静力剪切第一阶段初期偏差应力随着轴向应变呈直线上升,曲线斜率大,增速快,且围压越大,偏差应力增速越快;F-2号试样最先进入循环加载阶段,D-1-3号试样静力剪切第一阶段后期曲线有弯曲的趋势,E-2号试样曲线弯曲明显,进入弹塑性变形阶段。循环加载初期,疲劳蠕变曲线间距大,随着循环次数的继续增加,疲劳蠕变间距越来越小,说明滑带单位循环内的轴向蠕变量随着循环次数的增加逐渐变小。静力剪切第二阶段,D-1-3和E-2号试样的偏差应力—应变关系曲线明显低于同一围压下的D-0和E-1号试样,说明其偏差应力受循环荷载作用明显下降。但D-1-3号试样偏差应力—应变关系曲线起伏不一。随着轴向应变的增加,先短暂增加再微弱下降,再增加,随之略微下降后逐渐趋于稳定,在轴向应变为13.41%时出现峰值,其强度为196.54kPa。究其原因主要是滑带受循环荷载作用后,导致土体内部结构变化造成的。E-2号试样初期偏差应力增速较缓,随后呈明显的非线性增加,并逐渐趋于平稳,与E-1号试样的曲线近乎平行。F-2号试样偏差应力增速最快,在轴向应变达到10%之前,偏差应力高于同围压下的F-1号试样,应变达到10%之后偏差应力—应变关系曲线逐渐平稳,偏差应力低于F-1号试样。D-1-3、E-2、F-2号试样对应的强度分别为196.54kPa、214.30kPa、241.87kPa,强度比同围压下的D-0、E-1、F-1号试样分别降低了10.54%、6.78%、4.09%,即相同加载频率和循环次数下,随着围压的增大,滑带的强度降幅减小。

由图 10-6 可知,该组试样静力剪切第一阶段偏差应力变化规律同上一组,初期偏差应力随着轴向应变呈线性增加,后期曲线均发生弯曲,试样开始发生弹塑性变形,D-2-3 号试样弯曲最明显。循环加载阶段,D-2-3、E-3 号试样的疲劳蠕变曲线间距随着循环次数的增加而逐渐减小;而 F-3 号试样在前 3 次循环内,疲劳蠕变曲线间距随着循环次数的增加逐渐减小,这主要是由于滑带结构破坏,卸载时产生较大的回弹变形所致。静力剪切第二阶段,D-2-3、E-3、F-3 号试样的偏差应力降幅明显,曲线明显低于同围压下的 D-0、E-1、F-1 号试样。F-3 号试样偏差应力在该阶段初期急剧上升,分析原因可知,该试样在静力剪切第一阶段末便发生弹塑性变形,曲线弯曲明显。进入循环加载阶段后,土体结构破坏加剧,变形增大,循环加载初期便发生剪切破坏。因此,静力剪切第二阶段偏差应力出现短暂的上升。D-2-3、E-3、F-3 号试样的强度分别为 184.96kPa、208.27kPa 和 231.72kPa,强度分别降低了 15.81%、9.41% 和 8.12%。可知,滑带偏差应力降幅随着围压的增大而减小,即围压越大,疲劳蠕变对滑带强度影响越小,强度降比越小。

由图 10-7 可知,该组 D-3-3、E-4、F-4 号试样在静力剪切第一阶段的偏差应力—应变关系曲线变化规律与前两组相同。而循环加载阶段疲劳蠕变曲线间距随着循环次数的变化无一定规律,土体的轴向变形随着循环次数的增加呈明显的线性变化。静力剪切第二阶段,D-3-3、E-4、F-4 号试样的偏差应力增速较缓,逐渐趋于稳定,偏差应力较同围压下的 D-0、E-1、F-1 号试样显著降低。D-3-3、E-4、F-4 号试样对应的强度分别为 172.23kPa、187.62kPa 和 206.61kPa,强度分别降低了 21.61%、18.39% 和 18.07%。

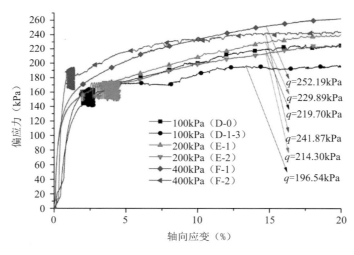

图 10-5　不同围压下的偏差应力—轴向应变关系曲线($N=100$ 次,$f=0.011$Hz)

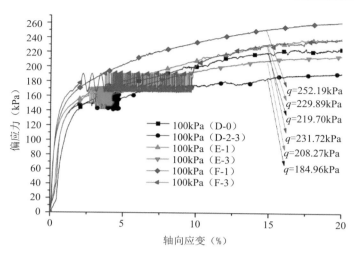

图 10-6　不同围压下的偏差应力—轴向应变关系曲线($N=100$ 次, $f=0.017\mathrm{Hz}$)

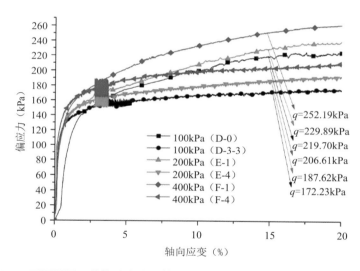

图 10-7　不同围压下的偏差应力—轴向应变关系曲线($N=100$ 次, $f=0.10\mathrm{Hz}$)

　　综上可知,不同的循环频率下围压对滑带固结不排水剪切强度的影响规律相同。具体表现为同一频率下,随着围压的增大,滑带的偏差应力也增大,疲劳蠕变后其强度降比逐渐变小(表 10-3)。这是由于固结围压越大,土体压缩越密实,侧向约束阻止土颗粒间的错动,使土颗粒之间的咬合力、摩擦力和胶结作用力增强,抗剪强度增加。

表 10-3 不同围压下的强度降比统计表（$N=100$ 次）

频率（Hz）	有效围压（kPa）	强度（kPa）	强度降比
0	100	219.70	0
	200	229.89	0
	400	252.19	0
0.011	100	196.54	0.1054
	200	214.30	0.0678
	400	241.87	0.0409
0.017	100	184.96	0.1581
	200	208.27	0.0941
	400	232.72	0.0812
0.10	100	172.23	0.2161
	200	187.62	0.1839
	400	206.61	0.1807

统计有效围压与滑带强度降比的关系，对不同频率下滑带的强度降比与有效围压的关系进行拟合，得出关系式：$\gamma_q=a\sigma_3{}^b$。可知，滑带强度降比与有效围压呈幂函数关系，强度降比随着围压的增大而降低；曲线拟合度随着循环频率的增大而降低，即频率越小，幂函数表示强度降比与围压间关系的适用性越高，拟合参数如表 10-4 所示。

表 10-4 拟合参数表

循环频率（Hz）	a	b	相关系数
0.011	2.4728	-0.683	0.9985
0.017	1.3594	-0.481	0.9061
0.10	0.3823	-0.129	0.8228

10.4.2 围压对滑带疲劳三轴蠕变的影响

如图 10-8 所示，不同围压条件下滑带的轴向疲劳蠕变—循环次数关系曲线变化规律相同，分为线性增长期、非线性增长期和平稳期三个阶段。即前 10 次循环内，轴向疲劳蠕变随着循环次数的增加呈线性变化，增速较大；随着循环次数继续增加，轴向疲劳蠕变随着循环次数呈非线性增加，增速逐渐变缓；曲线最终趋于稳定，增速接近为零。前 20 次循环的累积轴向疲劳蠕变可达总应变的 $65\%\sim75\%$。单位循环内的轴向应变增量随着循环次数的增加而减小，最终趋于零。而 E-2 号试样累积轴向疲劳蠕变达 1.97%，远高于 D-1-3、F-2 号试样的 0.49% 和 0.99%，为三者最大。结合其偏差应力—轴向应变关系曲线分析可知,该试样在进入循环加载前曲线便已发生明显的弯曲,开始屈服,发生弹塑性变形。进行循环加载后,变形急剧增大,土体结构破坏严重,强度降低,产生的累积轴向疲劳蠕变远高于其他试样。

由图 10-9 可知,前 10 次循环内,轴向疲劳蠕变随着循环次数的增加呈线性增加,且围压越大,累积轴向疲劳蠕变越小,单位循环内的轴向应变增量也越小;而 D-2-3、E-3 号试样随着循环次数的继续增加,轴向应变呈非线性增加,并在前 20 次循环内的累积轴向疲劳蠕变达到总应变的 65%~75%,单位循环内的轴向应变增量也随着循环次数的增加而逐渐减小至零;F-3 号试样在 10~15 次循环内曲线呈微弱的非线性变化,循环 15 次后继续呈线性变化,单位循环内的应变增量趋于一个稳定值,试样完全破坏。

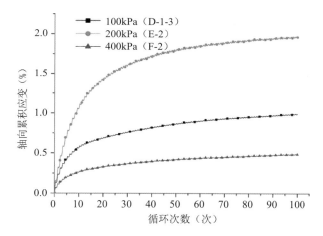

图 10-8　不同围压下的累积轴向应变—循环次数关系曲线($N=100$ 次,$f=0.011\mathrm{Hz}$)

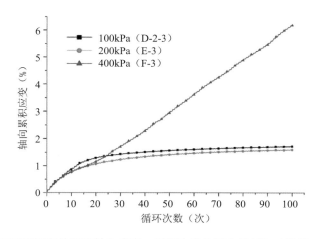

图 10-9　不同围压下的累积轴向应变—循环次数关系曲线($N=100$ 次,$f=0.017\mathrm{Hz}$)

由图 10-10 可知,该组试样的轴向疲劳蠕变随着循环次数的增加几乎呈线性增加,累积轴向疲劳蠕变在 100 次循环内无稳定趋势。且围压越小,滑带的累积轴向应变越大。该组试样在循环加载阶段完全破坏。

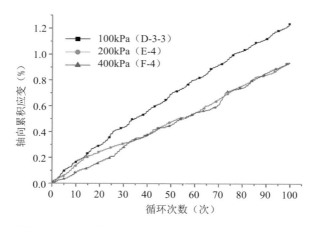

图 10-10　不同围压下的累积轴向应变—循环次数关系曲线($N=100$ 次, $f=0.10\mathrm{Hz}$)

10.5　频率对滑带强度和疲劳蠕变的影响试验

10.5.1　循环频率对滑带疲劳三轴强度的影响

为了研究循环频率对滑带固结不排水剪切强度的影响,进行同一围压(100kPa)、不同循环次数(10 次、20 次、100 次、1000 次)、不同循环频率(0.011Hz、0.017Hz、0.10Hz)下的固结不排水剪切试验。

由图 10-11 可知,静力剪切第一阶段初期,滑带的偏差应力随着轴向应变的增加呈线性增加;后期 D-1-1、D-3-1 号试样曲线有弯曲的趋势,而 D-2-1 号试样曲线弯曲明显,试样发生较长段的弹塑性变形,也使该试样在循环加载阶段产生较大的轴向应变。循环加载阶段,D-1-1、D-2-1 号试样的疲劳蠕变曲线间距随着循环次数的增加逐渐减小,D-3-1 号试样的疲劳蠕变曲线间距无明显变化规律;D-2-1 号试样在循环加载阶段产生的变形最大,主要是由于该试样在静力剪切第一阶段后期发生明显的弹塑性变形所致。在静力剪切第二阶段,随着轴向应变的增加,偏差应力增速逐渐变缓,且循环频率越大,偏差应力降低越明显。D-1-1、D-2-1、D-3-1 号试样强度分别为 206.67kPa、188.15kPa、181.90kPa,强度分别降低了 5.93%、14.36%、17.21%。

由图 10-12 可知,该组试样在静力剪切第一阶段,轴向应变达到 1% 之前时,偏差应力随着轴向应变的增加呈线性增加,随后曲线开始弯曲,发生弹塑性变形。循环加载阶段,D-1-2、D-2-2 号试样的疲劳蠕变曲线间距随着循环次数的增加逐渐减小,D-3-2 号试样的疲劳蠕变曲线间距变化无规律,且在该阶段产生的变形最小。静力剪切第二阶段,偏差应力增速变缓,且循环频率越高,偏差应力减小得越多。D-1-2、D-2-2、D-3-2 号试样强度分别为 201.24kPa、188.22kPa、173.85kPa,强度分别降低了8.40%、14.33%、20.87%。

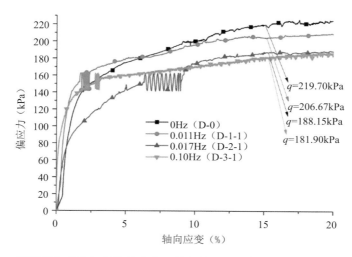

图 10-11 不同循环频率下的偏差应力—轴向应变关系曲线($\sigma_3 = 100\text{kPa}, N = 10$ 次)

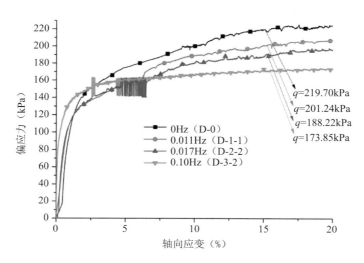

图 10-12 不同循环频率下的偏差应力—轴向应变关系曲线($\sigma_3 = 100\text{kPa}, N = 20$ 次)

由图 10-13 可知,D-1-3 号试样在静力剪切第一阶段偏差应力随着轴向应变呈线性变化,D-2-3、D-3-3 号试样在静力剪切第一阶段初期偏差应力随着轴向应变增加线性增加,后期呈非线性增加,曲线弯曲,且 D-3-3 号试样弯曲明显。循环加载阶段,

D-1-3、D-2-3 号试样的疲劳蠕变曲线间距随着循环次数的增加逐渐减小,D-3-3 号试样的疲劳蠕变曲线间距变化规律不明显。静力剪切第二阶段,偏差应力随着轴向应变的增加逐渐变缓,趋于稳定,比常规试验下的 D-0 号试样偏小,且频率越大,偏差应力降低越明显。D-1-3、D-2-3、D-3-3 号试样对应的强度分别为 196.54kPa、184.96kPa、172.23kPa,强度分别降低了 10.54%、15.81%、21.61%。

由图 10-14 可知,该组试样偏差应力—轴向应变关系曲线规律同上一组。D-1-4、D-2-4、D-3-4 号试样对应的强度分别为 193.06kPa、171.23kPa、162.59kPa,强度分别降低了 12.13%、22.06%、26.00%。

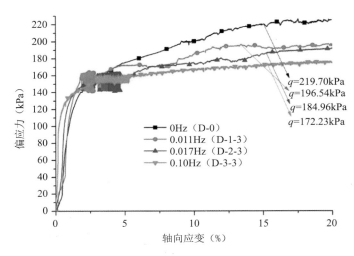

图 10-13 不同循环频率下的偏差应力—轴向应变关系曲线($\sigma_3 = 100kPa, N = 100$ 次)

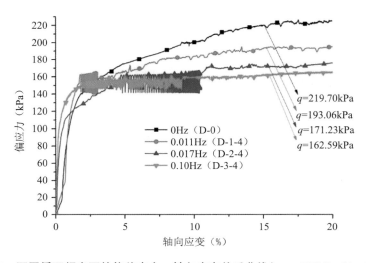

图 10-14 不同循环频率下的偏差应力—轴向应变关系曲线($\sigma_3 = 100kPa, N = 1000$ 次)

综上得出如下结论：不同的循环次数下，循环频率对滑带固结不排水剪切强度的影响规律相同。具体表现在：同一次数下，随着循环频率的增大，滑带的强度降比增加（表10-5）。

表 10-5　　　　　　　　　循环频率影响下的强度降比统计表

循环次数（次）	循环频率（Hz）	强度（kPa）	强度降比
0	0	219.70	0
10	0.011	206.67	0.0593
	0.017	188.15	0.1436
	0.100	181.90	0.1721
20	0.011	201.24	0.0840
	0.017	188.22	0.1433
	0.100	173.85	0.2087
100	0.011	196.54	0.1054
	0.017	184.96	0.1581
	0.100	172.23	0.2161
1000	0.011	193.06	0.1213
	0.017	171.23	0.2206
	0.100	162.59	0.2599

统计循环频率对滑带强度降比的影响，对不同循环次数下滑带的强度降比与循环频率关系进行拟合，得出关系式：$\gamma_q = a\ln(f) + b$。可知，滑带强度降比与循环频率呈对数关系，强度降比随着循环频率的增大而增大，如表10-6所示。

表 10-6　　　　　　　　　拟合参数表

循环次数（次）	a	b	相关系数
10	0.0410	0.2738	0.6676
20	0.0508	0.3298	0.9080
100	0.0451	0.3236	0.9077
1000	0.0511	0.3861	0.6990

10.5.2　循环频率对滑带疲劳三轴蠕变的影响

由图10-15至图10-18可知，滑带的累积轴向疲劳蠕变—循环次数关系曲线变化规律基本相同，低频率下（0.011Hz和0.017Hz），随着循环次数的增加，累积轴向疲劳蠕变—循环次数关系可分为三个阶段:线性增长期、非线性增长期和平稳期。轴向累积疲劳蠕变随着循环次数的增加而增加,且在循环加载初期增速较快。前 15 次循环内近乎线性增长,随着循环次数的继续增加呈非线性变化,并逐渐趋于稳定;前 20 次循环的累积轴向疲劳蠕变占总应变的 $50\%\sim75\%$;单位循环内的轴向疲劳蠕变增量随着循环次数的增加而逐渐减小至零。频率为 0.10Hz 时,累积轴向疲劳蠕变—循环次数关系呈线性变化,即累积疲劳蠕变随着循环次数的增多呈线性增加。

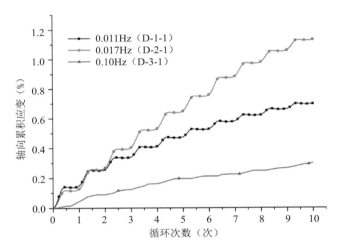

图 10-15　不同循环频率下的累积轴向应变—循环次数关系曲线($\sigma_3 = 100\text{kPa}, N = 10$ 次)

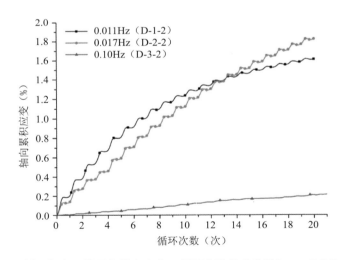

图 10-16　不同循环频率下的累积轴向应变—循环次数关系曲线($\sigma_3 = 100\text{kPa}, N = 20$ 次)

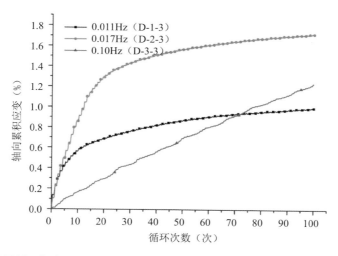

图 10-17 不同循环频率下的累积轴向应变—循环次数关系曲线($\sigma_3 = 100\text{kPa}, N = 100$ 次)

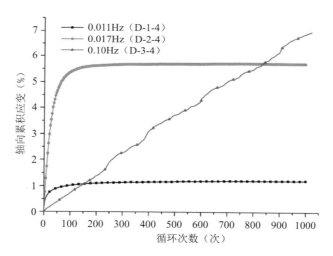

图 10-18 不同循环频率下的累积轴向应变—循环次数关系曲线($\sigma_3 = 100\text{kPa}, N = 1000$ 次)

第 11 章   循环孔压下滑带的蠕变试验

11.1   研究目的

本章开展库水位波动对滑带孔压状态改变而引起滑带蠕变特性变化的研究。采用全自动三轴系统进行不同有效围压下和不同孔压下的蠕变试验。

首先通过三轴压缩试验获取重塑滑带的抗剪强度和抗剪强度参数 c、φ 值,然后在不同围压、反压下进行滑带三轴压缩蠕变试验,研究滑带蠕变特征和等时应力—应变关系,最后在循环反压下进行三轴蠕变试验,研究滑带在循环孔压下的蠕变特性。

11.2   试验仪器及试样制备

11.2.1   试验仪器

试验所选用的仪器为 KTL 全自动三轴系统(TAS-LF),如图 11-1 所示,仪器包括体积压力控制器、位移传感器、数据采集仪、压力室、试验控制软件和加载架等。Geotechnical Smart Lab 综合测试软件可完成各种标准三轴试验;加载架可进行力控制和位移控制;外置力传感器可用于应力监测;体积压力控制器可用于施加围压和反压的压力、体积;数据采集器可以采集力、位移等参数。通过试验控制软件可以实现饱和、固结功能以及 UU、CU 和 CD 标准三轴测试,蠕变试验等。

仪器主要技术参数如下:

(1)试样尺寸。直径 39.1mm,高 80mm。

(2)加载架。轴向力量程 50kN,精度 0.0001kN;轴向位移量程 100mm,精度 0.00001mm;最大频率 0.10Hz。

(3)围压和反压控制器。量程 2MPa,精度 0.1kPa。

(4)压力室。耐压能力 2MPa,轴向顶杆直径 25mm。

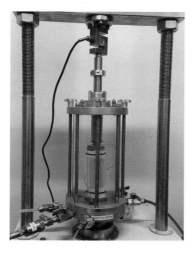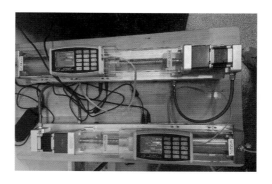

（a）压力室和加载架　　　　　（b）围压和反压控制器

图 11-1　KTL 全自动三轴系统

11.2.2　试样制备

三轴试验所采用的试样为直径 39.1mm、高 80mm 的圆柱样，具体制样过程如下：

（1）将风干土样研磨至小于 2mm，研磨后将试样放进烘箱烘干 24h。对烘干后的试样按照原位试验测出的滑带含水率进行配样。

（2）把准备好的试样依次倒入制样器，利用击实器分五层击实；每层击实完毕后，要在试样表面进行刮毛，使得其与上层土接触充分。

（3）制样完成后，在其上、下依次垫上滤纸及透水石，然后把试样放置在饱和器中。放入饱和缸，抽气饱和，饱和后静置 24h。根据不同有效围压、循环孔压开展蠕变试验。

11.3　不同围压下的三轴压缩试验

11.3.1　试验步骤

（1）首先检查仪器是否功能正常。打开计算机及仪器开关，检查其能否正常显示及操作。然后对围压控制器和反压控制器进行调试。

（2）装样。从水中取出装有试样的饱和器，把试样脱模，对试样安装橡皮膜，然后把试样放在加载底座上，在试样顶部和底部套上橡皮圈，盖上压力帽，安装压力室并充水。

（3）接触试样。在前述工作完成后，通过手动调控轴向顶杆，使顶杆和试样接触，接触压力设置为 0.05kN。

（4）连接仪器。在电脑上打开 GeoSmart Lab 软件，将其与应力控制加载架、围压控制器、反压控制器、孔压传感器和八通道数据采集仪进行连接。对传感器数据进行清零。

（5）在软件内设置试验步骤。样品饱和：对试样进行反压饱和。孔压系数 B 检测：计算每级围压下孔压增量与围压增量的比值，当孔压系数 B 值大于 0.98 时，认为试样饱和。

（6）固结。设置有效围压，让试样在该围压下固结稳定。

（7）剪切。在有效应力不变的情况下，以 0.01mm/min 的剪切速率对试样进行剪切，当轴向应变达到 20％时，终止试验。

本试验共计三个试样，编号分别为 A-1、A-2 和 A-3，分别在 100kPa、200kPa 和 400kPa 的有效围压下进行固结、剪切，具体的试验方案如表 11-1 所示。

表 11-1　　　　　　　　　　　　滑带三轴试验方案

试样编号	含水率 w（％）	干密度 ρ_d（g/cm³）	有效围压 σ_3（kPa）	试验方式
A-1	13.87	1.97	100	固结排水
A-2	13.87	1.97	200	固结排水
A-3	13.87	1.97	400	固结排水

11.3.2　试验数据处理

将试样剪切至轴向应变达到 20％，应力—应变关系曲线如果有峰值，取峰值为破坏应力；如果没有峰值的话，选取轴向应变为 15％时的应力为强度值。

图 11-2 为在不同围压下的偏差应力—轴向应变关系曲线，可以看出，在曲线初始部分，偏差应力与轴向应变变化呈线性关系，说明滑带处于弹性变形阶段；随着应变的增加，应力增速开始减慢，出现弹塑性变形阶段；随着应变的继续增加，试样稳定在塑性变形阶段。在低围压（$\sigma'_3 = 100$kPa）下应力—应变关系曲线并没有出现峰值，为应变硬化型。在中、高围压（$\sigma'_3 = 200$kPa 和 $\sigma'_3 = 400$kPa）下应力—应变关系曲线出现峰值，为应变软化型。根据试验结果，综合得出滑带在三种不同围压下的强度。可计算出重塑滑带的内摩擦角为 14°30′，黏聚力为 49.21kPa。

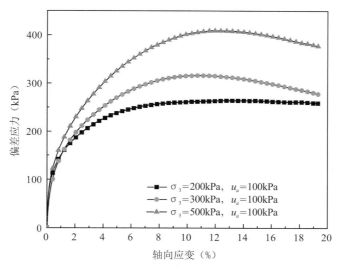

图 11-2　不同围压下的偏差应力—轴向应变关系曲线

11.4　不同围压下的蠕变试验

11.4.1　试验步骤

前期试验步骤主要包括检查仪器、围压控制器和反压控制器的调试、装样、接触试样、连接仪器等。在前述工作完成之后，接下来是在软件内对蠕变试验步骤进行设置，具体如下：

（1）检查仪器，安装试样，连接传感器和压力体积控制器。

（2）样品饱和。对试样进行反压饱和。孔压系数 B 检测：分级增加围压，并计算每级围压下孔压增量和围压增量的比值，当孔压系数 B 值大于 0.98 时，认为试样饱和。

（3）固结。设置固结所需的围压和反压，使试样排水固结至稳定标准。

（4）蠕变试验。在不同围压和相同反压的试验条件下进行分级加载蠕变试验，分级加载偏差应力增幅为 50kPa，每级施加 24h，至试样的轴向应变大于 20%。

本试验共计三个试样，编号分别为 B-1、B-2 和 B-3，分别在 100kPa、200kPa 和 400kPa 的有效围压下进行固结，等固结稳定后，进行蠕变试验，具体的试验方案如表 11-2所示。

表 11-2 滑带蠕变试验记录表

试样编号	围压（kPa）	反压（kPa）	每级荷载（kPa）	荷载级数	每级荷载时长（h）
B-1	200	100	50	5	24
B-2	300	100	50	11	24
B-3	500	100	50	13	24

11.4.2 试验结果分析

（1）滑带的蠕变—时间关系曲线

滑带在不同有效围压下的轴向应变—时间关系曲线如图 11-3 所示。可以看出，试样 B-1 和 B-2 在施加较小的偏差应力后，试样的轴向应变随着时间逐渐增大，而后达到某一稳定值，呈现出衰减蠕变特征；当偏差应力增大后，试样的轴向应变随着时间逐渐增大，且维持在某一斜率，表现出稳定蠕变特征；当偏差应力增加到长期强度后，滑带的轴向蠕变突然快速增大，表现出加速蠕变特征，加速蠕变时试样 B-1 和 B-2 的有效主应力比分别为 3.5 和 3.75。而对于试样 B-3，虽然偏差应力加到 650kPa，但是其有效主应力比仅为 2.625，滑带并没有出现加速蠕变阶段。

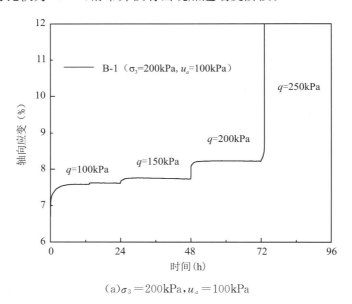

（a）$\sigma_3 = 200kPa$，$u_a = 100kPa$

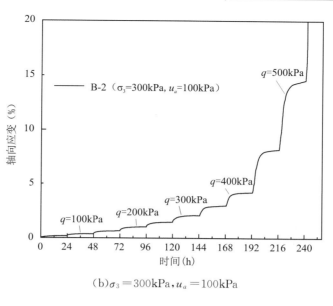

（b）$\sigma_3 = 300\text{kPa}, u_a = 100\text{kPa}$

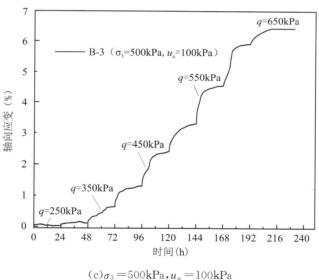

（c）$\sigma_3 = 500\text{kPa}, u_a = 100\text{kPa}$

图 11-3　轴向应变—时间关系曲线

　　由图 11-4 可以看出，试样 B-2 试验所得的轴向蠕变曲线与 Burgers 模型相吻合，可以采用 Burgers 模型分析蠕变参数。为了分析方便，根据偏差应力加载的情况把 B-2 的蠕变加载分为 11 段，分别编号 T-1 至 T-11。

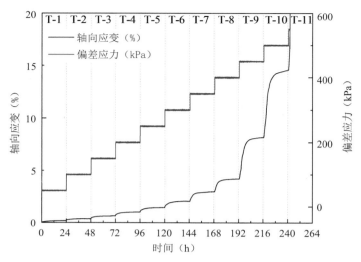

图 11-4　轴向应变和偏差应力曲线

（2）滑带的孔压—时间关系曲线

图 11-5 展示的是孔压随时间的变化曲线，可以看出，在每级刚施加荷载的时候，虽然排水阀门处于打开状态，孔压应该处于稳定值，但孔压在施加荷载的时候会缓慢增大。这是因为试样在受到加载时发生了剪缩，土体的体积减小，土中的水没来得及排出，在试样内部会形成微小的孔压；而后在蠕变过程中孔压因为渗透而慢慢消散。

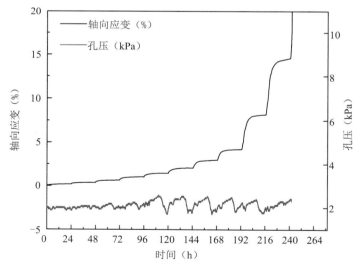

图 11-5　轴向应变和孔压曲线

采用坐标平移法对土体蠕变—时间关系曲线进行处理，如图 11-6 所示。可以看出，在每级偏差应力逐渐增加的过程中，前期的瞬时弹性变形阶段是非常明显的，对应着

Burgers 模型弹簧元件。随着偏差应力的增大,弹簧的瞬时弹性变形持续的时间越短。在经历瞬时弹性变形之后,曲线呈现出黏塑性变形阶段,在偏差应力逐渐增大的过程中,该阶段的持续时间逐渐变长,在黏塑性变形期间所发生的变形增量也在增加;最后一个变形阶段为黏性流动变形,试样的蠕变速率趋于稳定,此阶段的蠕变速率仍与受到的偏差应力大小有关。当偏差应力越大时,最后的黏性流变阶段的稳定蠕变速率越大。

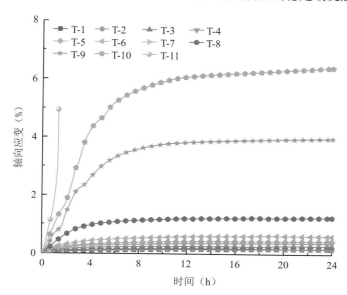

图 11-6　滑带在各级偏差应力下的轴向应变—时间关系曲线

(3)滑带的蠕变速率—时间关系曲线

试样 C-3 的蠕变速率—时间关系曲线如图 11-7 所示。可以看出,在 T-1 至 T-8 阶段,蠕变速率—时间关系曲线整体的规律比较相近,蠕变速率均呈现先增大然后再降低并趋近于 0 的类型。在刚开始施加荷载时,试样进入瞬时蠕变阶段,前期主要的变形为瞬时弹性变形。当蠕变速率持续增加一段时间后,土体开始进入黏塑性变形阶段;当蠕变速率下降到某一值的时候,土体便开始进入到稳定蠕变阶段。在蠕变的 T-11 阶段,试样达到长期强度,此时土体的蠕变速率会一直增加直至破坏。

(4)滑带的等时应力—应变关系曲线

试样 B-2 的等时应力—应变关系曲线如图 11-8 所示。可以看出,随着时间的增长,应力—应变关系曲线逐渐靠近应变轴,表明随着时间的增长,应变先是线性增加然后趋于平缓。在偏差应力为 50kPa、350kPa 和 500kPa 时,随着时间的增长,试样的应变逐渐变大;而当偏差应力为 150kPa 和 250kPa 时,在不同的时间偏差应力变化不大。

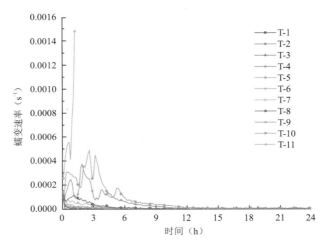

图 11-7　滑带蠕变速率—时间关系曲线

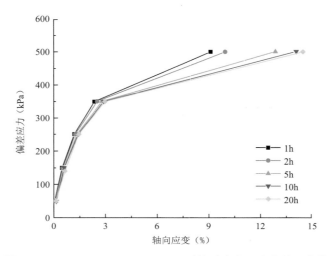

图 11-8　$\sigma_3 = 300\text{kPa}, u_a = 100\text{kPa}$ 时等时应力—应变关系曲线

11.5　循环孔压下滑带的蠕变试验

11.5.1　试验步骤

本节的试验目的是研究滑带在动态孔压影响下的蠕变性质,用来模拟三峡库区黄土坡滑坡受库水位周期性变化而导致的蠕变。循环孔压滑带蠕变试验采用固结排水三轴压缩试验,具体试验步骤如下:

(1)检查仪器,安装试样,连接传感器。

(2)饱和:对试样进行反压饱和。孔压系数 B 检测:分级增加围压,并计算每级围

压下孔压增量和围压增量的比值,当孔压系数 B 值大于 0.98 时,认为试样饱和。

(3)固结:设置固结所需的围压和反压,使试样排水固结至稳定标准。

(4)循环孔压蠕变:采用分级加载蠕变,蠕变增量为 10kPa。蠕变过程中,设置反压分别为 ±5kPa、±15kPa、±30kPa 和 ±50kPa,周期均为 2h。

本试验共计四个试样,编号分别为 C-1、C-2、C-3 和 C-4,在 100kPa 的有效围压下进行固结,待固结稳定后,进行循环孔压蠕变试验,研究孔压的周期变化对滑带蠕变特征的影响,循环孔压下滑带蠕变试验方案如表 11-4 所示。

表 11-4　　　　　　　　　　　循环孔压下滑带蠕变试验方案

试样编号	围压(kPa)	反压(kPa)	分组加载增量(kPa)	每级荷载时长(h)	反压波动幅度(kPa)	反压波动周期(h)
C-1	200	100	10	48	5	2
C-2	200	100	10	48	15	2
C-3	200	100	10	48	30	2
C-4	200	100	10	48	50	2

11.5.2　试验结果分析

本节进行的蠕变试验为固结不排水三轴蠕变试验,每级对试样施加 10kPa 的偏差应力,直至试样破坏或应变大于 20%,每级荷载持续 48h。滑带样为直径 50mm,高 100mm 的圆柱试样,试验完成后的形状如图 11-9 所示。四个试样的初始反压设置为 100kPa,然后分别在 5kPa、15kPa、30kPa 和 50kPa 振幅下进行孔压循环。三峡库区的水位由于蓄水、放水会产生周期性的水位升降变化,本试验通过设置循环反压来模拟三峡库区水位的上升和下降,从而研究库水位周期性波动对滑带蠕变特性的影响。

图 11-9　蠕变试验完成后的试样

（1）滑带的蠕变—时间关系曲线

设置循环反压，会引起饱和滑带孔压发生周期性改变，使试样的有效应力状态发生变化，进而影响其蠕变特征。蠕变试验过程中，首先对试样分级施加偏差应力，每级荷载增量为 10kPa，施加时长为 48h。在每一级荷载施加的过程中，设置周期性变化的反压，周期为 2h，这样第一级荷载下试样的反压波动次数为 24 次。试样 C-1～C-4 在反压波动的过程中，有效围压保持在 95～105kPa、85～115kPa、70～130kPa 和 50～150kPa 进行波动。四个试样的有效围压最小值和最大值在逐渐增大。C-1～C-4 四个试样的反压—时间关系曲线如图 11-10 所示。

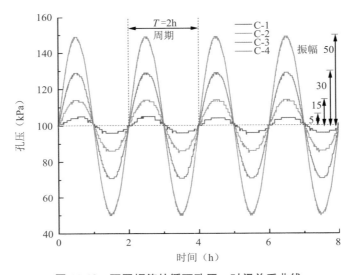

图 11-10　不同幅值的循环孔压—时间关系曲线

图 11-11 为 C-1～C-4 试样在不同幅度孔压变化下的轴向应变—时间关系曲线，可以得出如下几点规律：

1）孔压波动对滑带的轴向蠕变会产生一定的影响。这是因为孔压波动过程中，有效应力也在波动，从而影响土骨架的受力变形过程。

2）随着孔压波动幅度的增大（从 5kPa 增大至 50kPa），土体的蠕变曲线受影响的程度也逐渐增大。试样的有效围压为 100kPa，当水位波动幅度为有效应力的 5% 以内时，基本不影响蠕变曲线的变化发展趋势。但是当水位波动幅度达到有效应力的15% 以上时，可以明显地看到蠕变曲线受水位波动的影响很大。

3）孔压波动越大，试样整体压缩固结现象越明显。在相同偏差应力下，有效应力波动范围越大，试样蠕变量越小。

4）在孔压波动期间，试样均会出现局部加速蠕变阶段。这是由于在孔压波动过程中，孔压来不及减小，导致试样有效应力较低，蠕变变形较大。

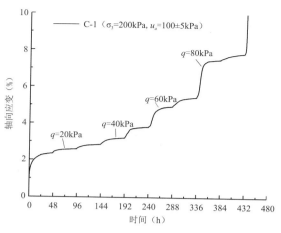

（a）C-1 轴向应变—时间关系曲线

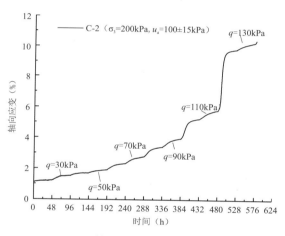

（b）C-2 轴向应变—时间关系曲线

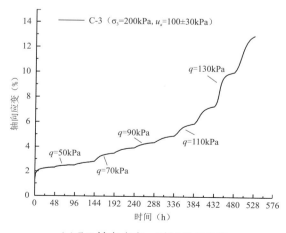

（c）C-3 轴向应变—时间关系曲线

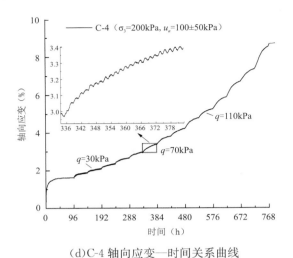

（d）C-4 轴向应变—时间关系曲线

图 11-11　循环孔压下滑带的轴向应变—时间关系曲线

（2）滑带的蠕变速率—时间关系曲线

根据滑带的蠕变—时间关系曲线，通过计算相应点的平均速率，可以绘制出蠕变速率随着时间变化的曲线，如图 11-12 所示。可以看出，对于试样 C-1，蠕变速率曲线整体呈现出逐渐下降直至稳定的趋势，但是受孔压的波动，在偏差应力达到 60kPa 和 80kPa 时，会突然出现局部加速阶段，这可能与试样的局部剪切破坏有关。当偏差应力达到 100kPa 时，滑带出现加速蠕变；对于试样 C-2，蠕变速率曲线整体也是呈现逐渐下降直至稳定趋势，与 C-1 类似，在偏差应力达到 110kPa 时，蠕变速率也出现突然增加的现象，说明随着三轴压缩的进行，试样出现了局部剪切破坏现象；对于试样C-3，在较低偏差应力时，蠕变速率曲线整体呈现下降的趋势，但是当偏差应力达到 130kPa 时，受孔压波动的影响，蠕变速率曲线也呈现出局部加速的情况；对于试样C-4，虽然蠕变速率曲线整体呈现下降直至稳定的趋势，但由于孔压变化较大，蠕变速率也呈周期性变化。

（3）滑带的等时应力—应变关系曲线

C-1 至 C-4 试样的等时应力—应变关系曲线如图 11-13 所示。可以看出，随着时间的增加，等时应力—应变关系曲线在逐渐靠近轴向应变轴，呈非线性蠕变特征，斜率随着偏差应力的增加而减小。由 C-1 的等时应力—应变关系曲线可以看出，曲线在偏差应力为 50kPa 时出现明显的转折点，说明此前以弹性蠕变为主，此后以黏塑性蠕变为主；同理，C-2 和 C-3 的转折点均为 90kPa；由 C-4 的等时应力—应变关系曲线可以看出，C-4 相较于其他三个试样，等时应力—应变关系曲线近似呈线性增长，说明孔压的波动幅度越大，土体的固结程度越大，弹性蠕变越明显。

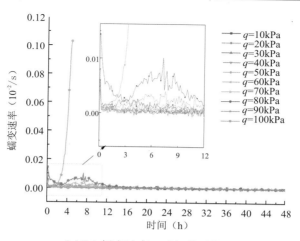

（a）C-1 蠕变速率—时间关系曲线

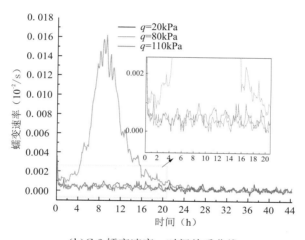

（b）C-2 蠕变速率—时间关系曲线

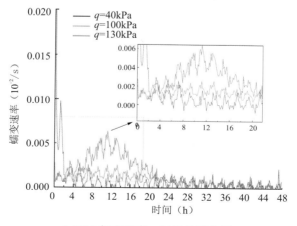

（c）C-3 蠕变速率—时间关系曲线

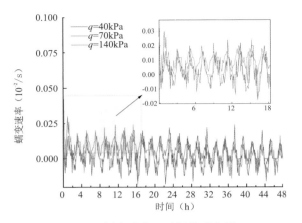

（d）C-4 蠕变速率—时间关系曲线

图 11-12　蠕变速率—时间关系曲线

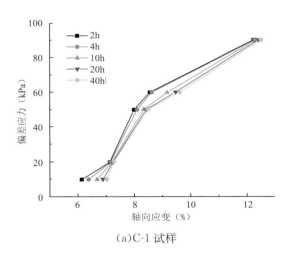

（a）C-1 试样

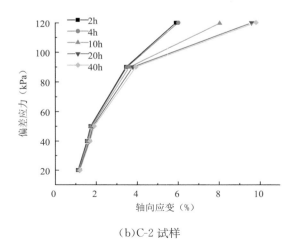

（b）C-2 试样

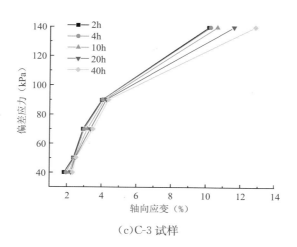

（c）C-3 试样

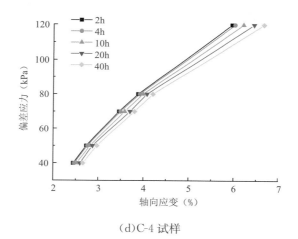

（d）C-4 试样

图 11-13　循环孔压下滑带等时应力—应变关系曲线

参 考 文 献

[1] Wang J, Su A, Xiang W, et al. New data and interpretations of the shallow and deep deformation of Huangtupo No. 1 riverside slidingmass during seasonal rainfall and water level fluctuation[J]. Landslides, 2016, 13(4)：1-10.

[2] Tang H, Li C, Hu X, et al. Evolution characteristics of the Huangtupo landslide based on in situ tunneling andmonitoring[J]. Landslides, 2015, 12(3)：511-521.

[3] Tom ÁS R, Liz, Lopez-Sanchez Jm, et al. Using wavelet tools to analyse seasonal variations from InSAR time-series data：a case study of the Huangtupo landslide [J]. Landslides, 2016, 13(3)：437-450.

[4] 李维树, 邬爱清, 丁秀丽. 三峡库区滑带土抗剪强度参数的影响因素研究[J]. 岩土力学, 2006, 27(1)：56-60.

[5] Fujii Y, Kiyama T, Ishijima Y, et al. Circumferential strain behavior during creep tests of brittle rocks[J]. International Journal of Rockmechanics ＆mining Sciences, 1999, 36(3)：323-337.

[6] 刘身伟, 王菁莪, 刘清秉. 黄土坡滑坡原状滑带土的蠕变与应力松弛性质[J]. 水利与建筑工程学报, 2016, 14(3)：137-142.

[7] 孙淼军, 唐辉明, 王潇弘, 等. 蠕动型滑坡滑带土蠕变特性研究[J]. 岩土力学, 2017, 38(2)：385-391.

[8] Sunm, Tang H, Wang m, et al. Creep behavior of slip zone soil of themajiagou landslide in the Three Gorges area[J]. Environmental Earth Sciences, 2016, 75 (16)：1199.

[9] Wen B P, Aydin A, Duzgoren-Aydin N S, et al. Residual strength of slip zones of large landslides in the Three Gorges area, China[J]. Engineering Geology, 2007, 93(3-4)：82-98.

[10] 孙钧. 岩土材料流变及其工程应用[M]. 北京：中国建筑工业出版社, 1999.

[11] 蒋秀姿, 文宝萍. 缓慢复活型滑坡滑带土的蠕变性质与特征强度试验研究[J]. 岩土力学, 2015, 36(2)：495-501.

［12］Deng Q L，Zhu Z Y，Cui Z Q，et al. mass rock creep and landsliding on the Huangtupo slope in the reservoir area of the Three Gorges Project，Yangtze River，China［J］. Engineering Geology，2000，58(1)：67-83.

［13］D'odorico P，Fagherazzi S. A probabilisticmodel of rainfall-triggered shallow landslides in hollows：A long-term analysis［J］. Water Resources Research，2003，39(9)：G1-G6.

［14］Furuya G，Sassa K，Hiura H，et al. mechanism of creepmovement caused by landslide activity and underground erosion in crystalline schist，Shikoku Island，southwestern Japan［J］. Engineering Geology，1999，53(3-4)：311-325.

［15］Sasaki Y，Fujii A，Asai K. Soil creep process and its role in debris slide generation —— fieldmeasurements on the north side of Tsukubamountain in Japan［J］. Engineering Geology，2000，56(1-2)：163-183.

［16］维亚洛夫. 土力学的流变原理［M］. 北京：科学出版社，1987.

［17］龙建辉，郭文斌，李萍，等. 黄土滑坡滑带土的蠕变特性［J］. 岩土工程学报，2010，32(7)：1023-1028.

［18］严绍军，项伟，唐辉明，等. 大岩淌滑坡滑带土蠕变性质研究［J］. 岩土力学，2008，29(1)：58-62.

［19］汪斌，朱杰兵，唐辉明，等. 黄土坡滑坡滑带土的蠕变特性研究［J］. 长江科学院院报，2008，25(1)：49-52.

［20］赖小玲，叶为民，王世梅. 滑坡滑带土非饱和蠕变特性试验研究［J］. 岩土工程学报，2012，34(2)：286-293.

［21］李小慧. 魏家沟滑坡滑带土非饱和蠕变特性试验研究［D］. 郑州：华北水利水电大学，2015.

［22］陈晶晶，刘德富，王世梅. 清江古树包滑坡滑带土的 Mesri 蠕变模型［J］. 三峡大学学报（自然科学版），2005，27(1)：16-19.

［23］邹良超，王世梅. 古树包滑坡滑带土蠕变经验模型［J］. 工程地质学报，2011，19(1)：59-64.

［24］高扬. 滑带土蠕变特性试验研究及其对滑坡稳定性的影响［D］. 成都：成都理工大学，2015.

［25］朱峰. 湘南红层滑带土直剪蠕变特性及长期强度试验研究［D］. 衡阳：南华大学，2014.

［26］Desai C S，Samtani N C，Vulliet L. Constitutivemodeling and analysis of creeping slopes［J］. Journal of Geotechnical Engineering，1995，122(6)：43-56.

[27] Ham G V D, Rong J, Meier T, et al. Amethod formodeling of a Creeping Slope with a Visco-Hypoplasticmaterial Law[J]. mathematical Geosciences, 2006, 38 (6): 711-719.

[28] 孙钧. 岩土材料流变及其工程应用[M]. 北京: 中国建筑工业出版社, 1999.

[29] Kutergin V N, Kal'Bergenov R G, Karpenko F S, et al. Determination of rheological Properties of Clayey Soils by the relaxationm ethod [J]. Soilmechanics and Foundation Engineering, 2013(1): 2-5.

[30] 王志俭, 殷坤龙, 简文星, 等. 万州安乐寺滑坡滑带土松弛试验研究[J]. 岩石力学与工程学报, 2008, 27(5): 931-937.

[31] 肖宏彬, 贺聪, 周伟, 等. 南宁膨胀土非线性剪切应力松弛特性试验[J]. 岩土力学, 2013, 34(z1): 22-27.

[32] 田管凤, 汤连生. 侧限压缩条件下土体的侧应力松弛试验研究[J]. 岩土力学, 2012, 33(3): 783-787.

[33] Zolotarevskaya D I. mathematicalmodeling of relaxation processes in soils [J]. Eurasian Soil Science, 2003, 36(4): 388-397.

[34] Zou Z, Yan J, Tang H, et al. A shear constitutive model for describing the full process of the deformation and failure of slip zone soil [J]. Engineering Geology, 2020, 276: 105766.

[35] Bromhead E N, Curtis R D. A comparison of alternativemethods ofmeasuring the residual strength of London clay[J]. Ground Engineering, 1983, 16(4): 39-41.

[36] Anayi J T, Boyce J R, Rogers C D. Comparison of alternativemethods ofmeasuring the residual strength of a clay[J]. Transportation research record, 1988, 1192: 16-26.

[37] 任三绍, 张永双, 徐能雄, 等. 含砾滑带土复活启动强度研究[J]. 岩土力学, 2021, 42(3): 1-12.

[38] 王道金. 蠕滑滑坡滑带土特征强度与蠕变特性试验研究[D]. 郑州: 华北水利水电大学, 2020.

[39] 范志强, 唐辉明, 谭钦文, 等. 滑带土环剪试验及其对水库滑坡临滑强度的启示[J]. 岩土工程学报, 2019, 41(9): 1698-1706.

[40] 缪海波, 殷坤龙, 王功辉. 库岸深层老滑坡间歇性复活的动力学机制研究[J]. 岩土力学, 2016, 37(9): 2645-2653.

[41] Bishop A W, Green G E, Garga V K, et al. A new ring shear apparatus and its

application to themeasurement of residual strength[J]. Géotechnique,1971,21 (4)：273-328.

[42] Skempton A W. Residual strength of clays in landslides,folded strata and the laboratory[J]. Géotechnique,1985,35(1)：3-18.

[43] 游慧杰,李明宇,郎黎明,等. 柳家凹黄土滑坡滑带土残余强度特性研究[J]. 路基工程,2018(1)：65-68.

[44] 刘清秉,王顺,夏冬生,等. 残余强度状态下原状滑带土蠕变特性试验研究[J]. 岩土力学,2017,38(5)：1305-1313.

[45] 张笛,滕伟福,安琪. 黄土坡临江1号滑坡体滑带土残余强度试验研究[J]. 安全与环境工程,2017,24(2)：39-45.

[46] Lupini J F,Skinner A E,Vaughan P R. The drained residual strength of cohesive soils[J]. Géotechnique,1981,31(2)：181-213.

[47] Stark T D,Eid H T. Drained residual strength of cohesive soils[J]. Journal of Geotechnical Engineering,1994,120(5)：856-871.

[48] Suzukim,Tsuzuki S,Yamamoto T. Residual strength characteristics of naturally and artificially cemented clays in reversal direct box shear test [J]. Soils and Foundations,2007,47(6)：1029-1044.

[49] 王鲁男,晏鄂川,宋琨,等. 滑带土残余强度的速率效应及其对滑坡变形行为的影响[J]. 中南大学学报(自然科学版),2017,48(12)：3350-3358.

[50] 胡显明. 不同剪切速率下碎石土滑坡滑带土残余强度特性研究[D]. 武汉：中国地质大学,2012.

[51] Kilburnukbyrbi Lburn C,Petley D N. Forecasting giant,catastrophic slope collapse：lessons from Vajont,Northern Italy[J]. Geomorphology,2003,54(1-2)：21-32.

[52] Tiwari B,mArui H. A newmethod for the correlation of residual shear strength of the soil withmineralogical composition[J]. Journal of Geotechnical and Geoenvironmental Engineering,2005,131(9)：1139-1150.

[53] 蒋秀姿. 巨型低速滑坡滑带土蠕变行为与非线性本构模型研究[D]. 北京：中国地质大学(北京),2015.

[54] Wen B,Jiang X. Effect of gravel content on creep behavior of clayey soil at residual state：implication for its role in slow-moving landslides[J]. Landslides,2017,14(2)：559-576.

[55] 黄励. 黏性滑带土残余强度参数与定向性黏土矿物的相关性试验研究[D]. 长

沙：中南林业科技大学,2017.

[56] Li I Y R,Web B P,Atdub A,et al. Ring shear tests on slip zone soils of three giant landslides in the Three Gorges Project area[J]. Engineering Geology, 2013,154：106-115.

[57] 刘动,陈晓平. 滑带土残余强度的室内试验与参数反分析[J]. 华南理工大学学报(自然科学版),2014,42(2)：81-87.

[58] 孙淼军,唐辉明,王潇弘,等. 蠕动型滑坡滑带土蠕变特性研究[J]. 岩土力学, 2017,38(2)：385-391.

[59] Meehan C L,Tiwari B,Brandon T L,et al. Triaxial shear testing of polished slickensided surfaces[J]. Landslides,2011,8(4)：449-458.

[60] Augustesen A,Liingaard M,Lade P V. Evaluation of time-dependent behavior of soils[J]. International Journal of Geomechanics,2004,4(3)：137-156.

[61] Bhat D R,Bhandary N P,Yatabe R. Residual-state creep behavior of typical clayey soils[J]. Natural Hazards,2013,69(3)：2161-2178.

[62] Bhat D R,Bhandary N P,Yatabe R,et al. Residual-state creep test inmodified torsional ring shearmachine：methods and implications [J]. International Journal of Geomate,2011,11(1)：39-43.

[63] Wen B P,Jiang X Z. Effect of gravel content on creep behavior of clayey soil at residual state：implication for its role in slow-moving landslides [J]. Landslides, 2017,14(2)：559-576.

[64] 刘清秉,王顺,夏冬生,等. 残余强度状态下原状滑带土蠕变特性试验研究[J]. 岩土力学,2017,38(5)：1305-1313.

[65] Maio C D,Vassallo R,Vallario M. Plastic and viscous shear displacements of a deep and very slow landslide in stiff clay formation [J]. Engineering Geology, 2013,162：53-66.

[66] Wang S,Wu W,Wang J E,et al. Residual-state creep of clastic soil in a reactivated slow-moving landslide in the Three Gorges Reservoir Region,China [J]. Landslides,2018,15(12)：2413-2422.

[67] 蒋秀姿,文宝萍. 缓慢复活型滑坡滑带土的蠕变性质与特征强度试验研究[J]. 岩土力学,2015,36(2)：495-501.

[68] 任俊谦. 三峡库区不同成因类型老滑坡体渗透特性及水位升降速率对其稳定性影响[D]. 成都：成都理工大学,2016.

[69] Cui D S,Wang S,Chen Q,et al. Experimental investigation on loading-relaxation

behaviors of shear-zone soil [J]. International Journal of Geomechanics, 2021, 21 (4)：6021003.

[70] Tang L S, Chen H K, Sang H T, et al. Determination of traffic-load-influenced depths in clayey subsoil based on the shakedown concept[J]. Soil Dynamics and Earthquake Engineering, 2015, 77(1)：182-191.

[71] Puppala A J, Saride S, Chomtid S. Experimental andmodeling studies of permanent strains of subgrade soils [J]. Journal of Geotechnical and Geoenvironmental Engineering, 2009, 135(10)：1379-1389.

[72] Tang Y Q, Cui Z D, Zhang X, et al. Dynamic response and pore pressuremodel of the saturated soft clay around the tunnel under vibration loading of Shanghai subway[J]. Engineering Geology, 2008, 98(3)：126-132.

[73] Petley D N, Higuchi T, Petley D J, et al. Development of progressive landslide failure in cohesivematerials[J]. Geology, 2005, 33(3)：201-204.

[74] 朱登峰,黄宏伟,殷建华．饱和软黏土的循环蠕变特性[J]．岩土工程学报，2005, 27(9)：1060-1064.

[75] 刘添俊,莫海鸿．不排水循环加载作用下饱和软黏土的蠕变特性[J]．华南理工大学学报(自然科学版), 2009, 37(8)：99-103.

[76] 董焱赫．长期循环荷载下饱和软黏土蠕变特性研究[D]．天津：天津大学, 2014.

[77] Hyde A F L, Brown S F. The plastic deformation of a silty clay under creep and repeated loading[J]. Géotechnique, 1976, 26(1)：173-184.

[78] Tang L S, Zhao Z L, Chen H K, et al. Dynamic stress accumulationmodel of granite residual soil under cyclic loading based on small-size creep tests [J]. Journal of Central South University, 2019, 26(3)：728-742.

[79] 齐佳丽．长期循环荷载下考虑蠕变特性的饱和软黏土累积变形研究[D]．天津：天津大学, 2017.

[80] 陈成,周正明,张先伟．长期循环荷载作用下泥炭质土累积变形简化计算方法研究[J]．振动与冲击, 2019, 38(14)：276-282.

[81] 李丹梅．天然软黏土蠕变特性和各向异性的本构模型研究[D]．西安：长安大学, 2018.

[82] 庄心善,赵汉文,王俊翔,等．循环荷载下重塑弱膨胀土滞回曲线形态特征定量研究[J]．岩土力学, 2020, 41(6)：1845-1854.

[83] 程东幸,刘大安,丁恩保,等．滑带土长期强度参数的衰减特性研究[J]．岩石力学与工程学报, 2005, 24(A02)：5827-5834.

[84] 孙淼军,唐辉明,王潇弘,等. 蠕动型滑坡滑带土蠕变特性研究[J]. 岩土力学,2017,38(2)：385-391.

[85] 蒋秀姿,文宝萍. 缓慢复活型滑坡滑带土的蠕变性质与特征强度试验研究[J]. 岩土力学,2015,36(2)：495-501.

[86] Curie J,Curie P. Development by pressure of polar electricity in hemihedral crystals with inclined faces[J]. Bull. soc. min. de France,1880,3：90.

[87] Shirley D J,Hampton L D. Shear-wavemeasurements in laboratory sediments[J]. The Journal of the Acoustical Society of America,1978,63(2)：607-613.

[88] 姬美秀. 压电陶瓷弯曲元剪切波速测试及饱和海洋软土动力特性研究[D]. 杭州：浙江大学,2005.

[89] 汪云龙. 先进土工实验技术研发与砾性土动力特性试验研究[J]. 国际地震动态,2015(5)：41-42.

[90] 窦帅. 基于侧装式弯曲元法的正融土剪切模量特性研究[Z]. 徐州：中国矿业大学,2018.

[91] 袁泉. 砂土小应变剪切模量各向异性试验研究及数值模拟[D]. 长春：吉林大学,2009.

[92] Odonovan J,Osullivan C,Marketos G,et al. Analysis of bender element test interpretation using the discrete elementmethod[J]. Granularmatter,2015,17(2)：197-216.

[93] Gu X,Yang J,Huang M,et al. Bender element tests in dry and saturated sand：signal interpretation and result comparison[J]. Soils and Foundations,2015,55(5)：951-962.

[94] Biot M A. Theory of propagation of elastic waves in a fluid-saturated porous solid. Ⅱ. Higher frequency range[J]. The Journal of the Acoustical Society of America,1956,28(2)：179-191.

[95] Santamarina J C,Klein K A,Fam M A. Soils and waves[M]. J. Wiley & Sons New York,2001.

[96] Cai Y,Dong Q,Wang J,et al. measurement of small strain shearmodulus of clean and natural sands in saturated condition using bender element test[J]. Soil Dynamics and Earthquake Engineering,2015,76：100-110.

[97] Hardin B O,Blandford G E. Elasticity of particulatematerials[J]. Journal of Geotechnical Engineering,1989,115(6)：788-805.

[98] 李天宁,汪云龙,张瑞滨. 砾性土剪切波速影响因素试验研究[J]. 地震工程与

工程振动,2019,39(1):166-171.

[99] 赵宁.黏粒组分对黄土力学性质的影响及其微观机理试验研究[D].西安:长安大学,2017.

[100] 李晶晶,孔令伟.应力历史影响下的膨胀土动力参数响应特征[J].振动与冲击,2017,36(12):181-188.

[101] 张钧.循环应力历史对粉土小应变剪切模量的影响[D].杭州:浙江大学,2006.

[102] Sawangsuriya A,Edil T B,Bosscher P J.modulus-suction-moisture relationship for compacted soils in postcompaction state[J].Journal of Geotechnical and geoenvironmental engineering,2009,135(10):1390.

[103] 董全杨.饱和砂土小应变动力特性试验研究[D].杭州:浙江大学,2014.

[104] Dong Y,Lu N. Correlation between small-strain shear modulus and suction stress in capillary regime under zero total stress conditions[J].Journal of Geotechnical and Geoenvironmental Engineering,2016,142(11):04016056.

[105] Hardin B O,Richart J R F E. Elastic wave velocities in granular soils [J]. Journal of the Soilmechanics and Foundations Division,1963,89(1):33-65.

[106] He H,Senetakis K. A study of wave velocities and Poisson ratio of recycled concrete aggregate[J]. Soils and Foundations,2016,56(4):593-607.

[107] Senetakis K,Anastasiadis A,Pitilakis K. The small-strain shear modulus and damping ratio of quartz and volcanic sands[J]. Geotechnical Testing Journal,2012,35(6):1-17.

[108] 陈云敏,周燕国,黄博.利用弯曲元测试砂土剪切模量的国际平行试验[J].岩土工程学报,2006(7):874-880.